建设工程造价与合同管理

刘文旸　编著

中国建筑工业出版社

图书在版编目（CIP）数据

建设工程造价与合同管理/刘文旸编著．—北京：中国建筑工业出版社，2011.7
ISBN 978-7-112-13330-7

Ⅰ.①建…　Ⅱ.①刘…　Ⅲ.①建筑造价管理②建筑工程—经济合同—管理　Ⅳ.①TU723

中国版本图书馆 CIP 数据核字（2011）第 125446 号

*　*　*

责任编辑：姚荣华　张文胜
责任设计：陈　旭
责任校对：陈晶晶　赵　颖

建设工程造价与合同管理
刘文旸　编著
*
中国建筑工业出版社出版、发行（北京西郊百万庄）
各地新华书店、建筑书店经销
北京红光制版公司制版
北京富生印刷厂印刷
*
开本：787×1092 毫米　1/16　印张：13¼　字数：320 千字
2011 年 7 月第一版　　2011 年 7 月第一次印刷
定价：**35.00** 元
ISBN 978-7-112-13330-7
（20748）

前　言

于 2003 年 7 月 1 日实施的《建设工程工程量清单计价规范》（GB 50500—2003），是我国建筑业在工程经济管理方面改革的一项重大举措，是工程造价行业发展的里程碑，它是第一次以国家标准的形式来推行的一项制度。然而由于各方面准备工作做得不足，实施五年后原《计价规范》遇到了许多困难，也暴露出了不少问题，这些问题已经严重地影响到了建筑市场的秩序和建筑业的健康发展，已经到了非解决不可的地步。

从 2006 年初开始，原建设部经过两年多的工作，通过调查研究、总结经验，针对施行中存在的问题，经广泛征求意见，反复修改、审查，完成了《建设工程工程量清单计价规范》的修订工作，最后经住房和城乡建设部与国家质量监督检验检疫总局联合发布《建设工程工程量清单计价规范》（GB 50500—2008）（以下简称“2008 规范”），要求于 2008 年 12 月 1 日起施行。

“2008 规范”的发布施行，将提高工程量清单计价改革的整体效力，更加有利于工程量清单计价的全面推行，更加有利于规范工程建设参与各方的计价行为，对建立公开、公平、公正的市场竞争秩序，推进和完善市场形成工程造价机制的建设必将发挥重要作用，进一步推动我国工程造价改革迈上新的台阶。

工程量清单和施工合同有着密不可分的联系，两者相辅相成，是一个有机的整体；成熟的清单计价体系，需要完整、严密的施工合同配合。工程量清单计价的推行，对建设工程施工合同管理提出了更高的要求，原建筑工程施工合同的总价合同形式已完全不适用清单计价模式。随着“2008 规范”的进一步实施，催生了《北京市房屋建筑和市政基础设施工程施工总承包合同（BF-2008-0207）》的修订版的最新出台。

笔者在建设单位从事预算及合同管理多年，对我国工程造价从传统的定额计价方式逐步向国际上通行的工程量清单计价模式的转变历程深有感悟，特别是我国造价领域近几年的快速发展，迫切需要我们工程造价人员尽快提升自己的业务水平。本人根据自己多年的工作经验和体会，对工程预算及合同管理方面的理论及实践作了初步的探讨，对新规范及新版单价合同如何解读均做了一些阐述，出书的目的在于总结多年的工作，同时也是自身业务理论学习提高的过程。本书仅供工程造价工作者和有关方面的经济管理人员在实际工作中参考，自己的感悟如果能够为业界同仁提供一些帮助，也算是笔者的一个欣慰！

我国工程造价的理论与实践正处于快速发展阶段，新的内容还会不断出现，新的体会也需要自己去不断的补充，由于时间紧迫和作者水平有限，本书中难免有不妥之处，敬请广大读者和专家批评指正。

目　录

上篇　建设工程造价管理

下篇　建设工程合同管理

上　篇

建设工程造价管理

第一章　工程计价基本理论

第一节　建设工程造价的确定

一、工程造价的概念

工程造价通常指工程的建造价格。由于所处的角度不同，工程造价有不同的含义。从投资者（业主）的角度分析，工程造价是指建设一项工程预期开支或实际开支的全部固定资产投资费用。建设工程造价就是建设工程项目固定资产的总投资。

建设项目投资含固定资产投资和流动资产投资两部分，建设项目总投资中的固定资产投资与建设项目的工程造价在量上相等。工程造价是工程项目按照确定的建设内容、建设规模、建设标准、功能要求和使用要求等全部建成并验收合格交付使用所需的全部费用。我国现行工程造价的构成主要划分为设备及工、器具购置费用、建筑安装工程费用、工程建设其他费用、预备费、建设期贷款利息等几项（见图 1-1）。

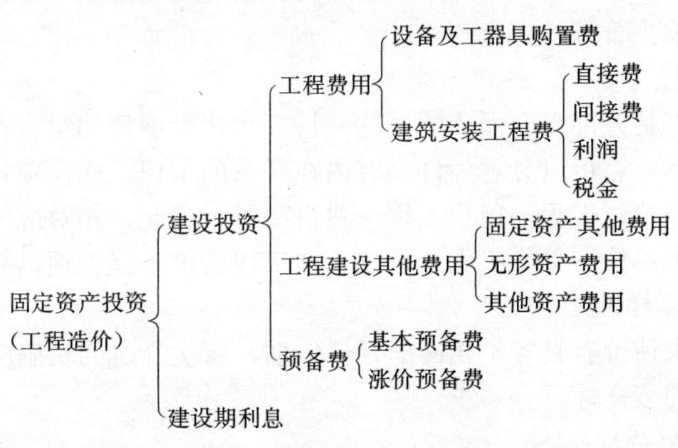

图 1-1　工程造价组成示意图

从市场交易的角度分析，工程造价是指建成一项工程，预计或实际在土地市场、设备市场、技术劳务市场以及工程承发包市场等交易活动中所形成的建筑安装工程价格和建设工程总价格。工程造价的两种含义实质上是以不同角度把握同一事物的本质。对市场经济条件下的投资者来说，工程造价就是项目投资，是“购买”工程项目要付出的价格；同时，工程造价也是投资者作为市场供给主体，“出售”工程项目时确定价格和衡量投资经济效益的尺度。

二、工程造价的计价特征

由工程项目的特点决定，工程计价具有以下特征：

1. 计价的单件性

建筑产品的单件性决定了每项工程都必须单独计算造价。

2. 计价的多次性

(1) 投资估算：在编制项目建议书和可行性研究阶段，对投资需要量进行的估算，是决策、筹资、控制造价的主要依据。

(2) 概算造价：在初步设计阶段，根据设计意图编制测算的工程造价。

(3) 修正概算造价：采用三阶段设计的技术设计阶段，根据技术设计要求，对初步设计概算造价修正。

(4) 预算造价：指在施工图设计阶段，根据施工图纸，通过编制预算文件预先测算和确定的工程造价。它比概算造价或修正概算造价更为详尽和准确，但同样受前一阶段工程造价的控制。

(5) 合同价：指在工程招投标阶段通过签订总承包合同、建筑安装工程承包合同、设备材料采购合同以及技术和咨询服务合同所确定的价格。

(6) 结算价：在工程竣工验收阶段，按合同调价范围和调价方法，对实际发生的工程量增减、设备和材料价差等调整后计算和确定的价格。它反映的是工程项目实际价格。结算价一般由承包人编制，由发包人审查，也可委托具有相应资质的工程造价咨询机构进行审查。

(7) 决算价：指竣工决算阶段，通过为建设项目编制竣工决算，最终确定的实际造价。综合反映竣工项目从筹建开始到项目竣工交付使用为止的全部建设费用。一般由建设单位编制，上报相关主管部门审查。

3. 计价的组合性

工程造价的计算是分部组合而成的，这一特征与建设项目的组合性有关。一个建设项目是一个工程综合体，它可以分解为许多有内在联系的工程。建设项目的组合形式是：分项工程→分部工程→单位工程→单项工程→建设项目。因此，相对应的工程造价的组合过程是：分部分项工程单价→单位工程造价→单项工程造价→建设项目总造价。

4. 计价方法的多样性

工程项目的多次计价有其各不相同的计价依据，每次计价的精确度要求也不相同，由此决定了计价方法的多样性。

5. 计价依据的复杂性

计价依据主要有以下 7 类：

(1) 设备和工程量计算依据：包括项目建议书、可行性研究报告、设计文件等。

(2) 人工、材料、机械等实物消耗量计算依据：包括投资估算指标、概算定额、预算定额等。

(3) 工程单价计算依据：包括人工单价、材料价格、材料运杂费、机械台班费等。

(4) 设备单价计算依据：包括设备原价、设备运杂费、进口设备关税等。

(5) 措施费、间接费和工程建设其他费用计算依据：主要是相关的费用定额和指标。

(6) 政府规定的税、费。

(7) 物价指数和工程造价指数。

三、工程造价管理

1. 工程造价管理的目标

按照经济规律的要求，根据社会主义市场经济的发展形势，利用科学管理方法和先进管理手段，合理地确定造价和有效地控制造价，以提高投资效益和建筑安装企业经营效果。

2. 工程造价管理的任务

加强工程造价的全过程动态管理，强化工程造价的约束机制，维护有关各方的经济利益，规范价格行为，促进微观效益和宏观效益的统一。

3. 工程造价管理的基本内容

工程造价管理的基本内容是合理和有效地控制工程造价。

(1) 工程造价的合理确定

在建设程序的各个阶段，合理确定投资估算、概算造价、预算造价、承包合同价、结算价、竣工决算价。

(2) 工程造价的有效控制

在优化建设方案、设计方案的基础上，在建设程序的各个阶段，采用一定的方法和措施把工程造价的发生控制在合理的范围和核定的造价限额以内。

具体而言，用投资估算价控制设计方案的选择和初步设计概算造价；用概算造价控制技术设计和修正概算造价；用概算造价或修正概算造价控制施工图设计和预算造价。控制造价在这里强调的是控制项目投资。

(3) 有效控制工程造价应体现的原则

1) 以设计阶段为重点的建设全过程造价控制

工程造价控制贯穿于项目建设全过程的同时，应注重工程设计阶段的造价控制。根据经验数据显示，设计费一般只占到建设工程全寿命费用的1%，但正是这少于1%的费用，其对工程造价的影响度占到75%以上。由此可见，设计质量对整个工程建设的效益是至关重要的。长期以来，我国往往把控制造价的主要精力放在施工阶段——审核施工图预算、结算建筑安装工程价款，对工程项目建设前期的造价控制重视不够。要有效地控制工程造价，就应将工程造价管理的重点转移到工程建设前期决策和设计阶段。

2) 主动控制，以取得令人满意的结果

长期以来，人们一直把控制理解为目标值与实际值的比较，以及当实际值偏离目标值时，分析其产生偏差的原因，并确定下一步的对策。在工程建设全过程进行这样的工程造价控制当然是有意义的。但问题在于，这种立足于调查—分析—决策基础之上的偏离—纠偏—再偏离—再纠偏的控制是一种被动控制，因为这样做只能发现偏离，不能预防可能发生的偏离。

为尽可能地减少以至避免目标值与实际值的偏离，还必须立足于事先主动地采取控制措施，实施主动控制。也就是说，工程造价控制不仅要反映投资决策，反映设计、发包和施工，被动地控制工程造价；更要能动地影响投资决策，影响设计、发包和施工，主动地控制工程造价。

3) 技术与经济相结合是控制工程造价的最有效手段

要有效地控制工程造价，应从组织、技术、经济等多方面采取措施。应通过技术比较、经济分析和效果评价，正确处理技术先进和经济合理两者之间的对立统一关系，力求在技术先进条件下的经济合理，在经济合理基础上的技术先进，将控制工程造价观念渗透到各项设计和施工技术措施之中。

四、工程计价模式

根据工程造价计价依据的不同，目前我国处于工程定额计价和工程量清单计价两种计价模式并存的状态。

1. 工程定额计价基本方法

我国在很长一段时间内采用单一的工程定额计价模式形成工程价格，即按预算定额规定的分部分项子目，逐项计算工程量，套用预算定额单价（或单位估价表）确定直接工程费，然后按规定的取费标准确定措施费、间接费、利润和税金，加上材料调差系数和适当的不可预见费，经汇总后即为工程预算或标底，而标底则作为评标定标的主要依据。

以预算定额单价法确定工程造价，是我国采用的一种与计划经济相适应的工程造价管理制度。工程定额计价模式实际上是国家通过颁布统一的计价定额或指标，对建筑产品价格进行有计划的管理。

2. 工程量清单计价基本方法

（1）工程量清单计价基本方法

工程量清单计价方法是一种区别于定额计价模式的新计价模式，是一种主要由市场定价的计价模式，是由建设产品的买方和卖方在建设市场上根据供求状况、信息状况进行自由竞价，从而最终形成能够签订工程合同价格的方法，因此，可以说工程量清单的计价方法是在建设市场建立、发展和完善过程中的必然产物。

随着社会主义市场经济的发展，自 2003 年在全国范围内开始逐步推广建设工程工程量清单计价法，至 2008 年推出新版建设工程工程量清单计价规范，标志着我国工程量清单计价方法的应用逐步完善。我国建筑产品价格市场化经历了“国家定价—国家指导价—国家调控价”三个阶段。利用工程建设定额计算工程造价就价格形成而言，介于国家定价和国家指导价之间。从定额计价方法到工程量清单计价方法的演变是伴随着我国建设产品价格的市场化过程进行的。

工程量清单计价的基本过程可以描述为：在统一的工程量清单项目设置的基础上，根据工程量清单计量规则，依据具体工程的施工图纸计算出各个清单项目的工程量，再根据各种渠道所获得的工程造价信息和经验数据计算得到工程造价。其编制过程可以分为两个阶段：工程量清单的编制和利用工程量清单来编制投标报价（或招标控制价）。可以用公式表明确定建筑产品价格清单计价的基本方法和程序：

1）分部分项工程费＝Σ分部分项工程量×相应分部分项综合单价

2）措施项目费＝Σ各措施项目费

3）其他项目费＝暂列金额＋暂估价＋计日工＋总承包服务费

4）单位工程报价＝分部分项工程费＋措施项目费＋其他项目费＋规费＋税金

5）单项工程报价＝Σ单位工程报价

6）建设项目总报价＝Σ单项工程报价

注：1）在2003版清单中，其他项目费＝招标人部分金额＋投标人部分金额，而2008版清单计价规范则改为暂列金额、暂估价、计日工、总承包服务费等。

2）分部分项工程综合单价是指完成一个规定计量单位的分部分项工程量清单项目或措施清单项目所需的人工费、材料费、施工机械使用费、企业管理费、利润，并考虑风险费用。

（2）工程量清单计价的作用

1）提供了一个平等的竞争条件

采用施工图预算来投标报价，由于设计图纸的缺陷，不同施工企业的人员理解不一，计算出的工程量也不同，报价更相去甚远，也容易产生纠纷。而工程量清单报价就为投标者提供了一个平等的竞争条件，相同的工程量，由企业根据自身的实力来填不同的单价。投标人的这种自主报价，使得企业的优势体现在投标报价中，可在一定程度上规范建筑市场秩序，确保工程质量。

2）满足市场经济条件下竞争的需要

单价的高低直接取决于企业管理水平和技术水平的高低，这种局面促成了企业整体实力的竞争，有利于我国建设市场的快速发展。

3）有利于提高工程计价效率，能真正实现快速报价

各投标人以招标人提供的工程量清单为统一平台，结合自身的管理水平和施工方案进行报价，促进了各投标人企业定额的完善和工程造价信息的积累和整理，体现了现代工程建设中快速报价的要求。

4）有利于工程款的拨付和工程造价的最终结算

业主根据施工企业完成的工程量，很容易确定进度款的拨付额。工程竣工后，根据设计变更、工程量增减等，业主也很容易确定工程的最终造价，可在某种程度上减少业主与施工单位之间的纠纷。

5）有利于业主对投资的控制

采用工程量清单报价的方式，可对投资变化一目了然。在进行设计变更时，业主能根据投资情况来决定是否变更或进行方案比较，以决定最恰当的处理方法。

3. 两种计价方法的联系和区别

（1）工程量清单计价方法与定额计价方法的联系（见表1-1）

工程量清单计价方法与定额计价方法的联系 **表1-1**

比较方面	工程定额计价	工程量清单计价
工程造价计价方法	从下而上分部组合计价	从下而上分部组合计价
单位工程基本构造要素	按工程定额划分的分项工程项目	清单项目
工程量计算规则	各类工程定额规定的计算规则	《建设工程工程量清单计价规范》各附录中规定的计算规则
分项工程单价	指概、预算定额基价，通常指工料机单价，仅包括人工、材料、机械使用费用	指综合单价，包括人工费、材料费、机械使用费，还包括企业管理费、利润和风险因素

（2）工程定额计价方法与工程量清单计价方法的区别（见表 1-2）

工程定额计价方法与工程量清单计价方法的区别　　　　表 1-2

比较方面	工程定额计价	工程量清单计价
定价阶段（本质区别）	介于国家定价和国家指导价之间	市场定价阶段
主要计价依据	国家、省、有关专业部门指定的各种定额	《建设工程工程量清单计价规范》
计价依据的性质	指导价	含有强制性条文的国家标准
项目划分	按施工工序分项	按“综合实体”进行分项
分项工程所含内容	单一的	包括多项工程内容
编制工程量的主体	分别由招标人和投标人分别按图计算	由招标人统一计算或委托有关工程造价咨询资质单位
单价的组成	人工费、材料费、机械使用费	人工费、材料费、机械使用费、管理费、利润和风险因素
报价的组成	定额计价法的报价	由分部分项工程量清单、措施项目清单、其他项目清单、规费和税金组成
适用阶段	在项目建设前期各阶段对于建设投资的预测和估计；交易阶段，价格形成的辅助依据	合同价格形成以及后续的合同价格管理阶段
合同价格的调整方法	变更签证、定额解释、政策性调整	一般情况下单价是固定下来的
是否区分施工实体性损耗和施工措施性损耗	未分离	把施工实体和施工措施性项目进行分离，把施工措施性消耗单列并纳入竞争范畴

第二节 《建设工程工程量清单计价规范》GB 50500—2008 修编的意义

随着我国建设市场的快速发展，招标投标制、合同制的逐渐完善与成熟，以及国家基础设施投资日益加大等原因要求工程造价计价依据改革不断深化。住房和城乡建设部在总结了《建设工程工程量清单计价规范》GB 50500—2003 实施以来的经验，于 2008 年 12 月重新制定和颁布了《建设工程工程量清单计价规范》GB 50500—2008。

新的计价规范主要修正了原规范正文中不尽合理、可操作性不强的条款及表格格式等，特别增加了采用工程量清单计价如何编制工程量清单和招标控制价、投标报价、合同价款约定、工程计量与价款支付、工程价款调整、索赔、竣工结算、工程计价争议处理等内容，并增加了条文说明。这使得在从事造价管理以及合同管理更有依据，也是我国工程造价计价管理又一次推陈出新。

一、新规范出台的形势与背景

2003 年 7 月 1 日实施的《建设工程工程量清单计价规范》GB 50500—2003，是中国建筑业改革的一项重大举措，是工程造价行业发展的里程碑，它是第一次以国家标准的形式来推行。不仅为整个行业与国际接轨铺平了道路，也为建立市场形成工程造价机制、规范工程造价计价行为发挥了一定的作用。然而由于各方面准备不足，原计价规范在实施过程中遇到了许多困难，也暴露出了以下不少问题，这些问题已经严重地影响到了建筑市场的秩序和建筑业的健康发展，已经到了非解决不可的地步。

1. 从宏观角度，原计价规范实行所需配套条件方面存在的问题

（1）缺乏与工程量清单计价相配套的招投标制度

现行《招投标法》规定的经评审的低价中标法由于缺乏对合理低价及低于成本价的科学评判依据，在一些地区实际操作中，常被演绎为“绝对最低价中标”。这样一方面使施工企业在“僧多粥少”的甲方市场形势下，被动地去接受低于成本价的不公平合同条款。另一方面不能有效杜绝串标、围标或抬高中标价的违法行为。同时，低价中标法可能会使个别企业以低于成本价恶意竞标再在施工过程中想尽一切办法增加设计变更获得补偿，更有甚者通过偷工减料、层层转包等不法行为来赚取利润。这在很大程度上制约了原计价规范的实施。

（2）缺乏与工程量清单计价相配套的合同文本

要实行工程量清单计价，必须制定与之相适合的合同条款，来约定业主、承包商、监理工程师等各方的权利和义务，规范工程建设中各方的行为。特别是对工程变更，合同外新增工程的确认、处理原则、处理程序、计价原则、支付等都要有明确的规定。对合同清单的工程项目在什么情况下允许调整单价都要有明确规定；对施工中发生的索赔事件如何处理、风险分配约定等也要有规定，使合同在履行、管理时有据可依，减少纠纷发生。可是我国多年来一直采用总价合同，没有现成的适合于清单计价的合同范本。直至 2009 年 1 月 8 日，北京市建设委员会和北京市工商行政管理局才联合颁发了新合同范本《北京市房屋建筑和市政基础设施工程施工总承包合同（示范文本）》BF—2008—0207（见附录四）。

（3）工程担保制度、监理制度的不配套

工程量清单计价的顺利实行，还要有完善的市场约束机制。国外建筑市场除了依靠法律和道德约束外，还有许多约束承包商行为的机制，如工程担保制度、监理制度等。而在我国，建筑市场体制还不太完善，市场约束机制尚不健全。

（4）缺乏与工程量清单报价相配套的企业定额

由于清单规范中的报价是以投标企业自身企业定额为基础的，而目前的实际情况却是很少有施工单位拥有自己的企业定额，清单组价缺少依据。这给各企业报价造成很大的不便。投标企业为了被迫执行清单规范，只能将地区预算定额作为自己的企业定额，从而形成了外表像清单计价法，而实质仍然是定额法的怪现状。

（5）适宜与清单计价规范的工程造价信息管理方式落后

推行工程量清单计价模式使得工程造价信息服务尤为重要，但工程造价信息管理方面存在很多问题：

1）当前造价管理机构在信息服务上虽然做了大量工作，但由于市场体制尚不健全，不正当竞争的现象普遍存在，价值规律“失灵”现象时有发生。

2）由于缺少激励生产供应商、社会信息员等积极提供真实价格信息的机制，在传递建材价格信息过程中往往进行了一些“过滤”或处理而导致价格失真。

3）目前，多采用刊物而很少采用网络进行价格信息发布的形式也由于时间的限制而跟不上日新月异的市场形势。这种种现象都使得造价管理部门在人、材、机价格信息的采集、发布、预测以及造价指数的分析发布上可能造成失真、滞后，而这恰恰是清单计价所必需的。

（6）工程造价从业人员素质不高

1）专业素质有待提高。推行工程量清单计价后，工程量的计算规则与以前截然不同，它是按照“工程实体”与“非工程实体”相分离的原则制定的。这就要求造价员不但要熟悉工程图纸、施工工艺，还要对企业的人力资源、物资资源以及劳动力水平有所掌握，这对目前许多的造价员来说是办不到的。就目前的情况来看，造价人员对综合单价中的人工费、材料费及机械费还没有能力去自己制定，大都是采用社会平均水平的定额，而对于管理费、利润及风险在大多数企业又不是造价人员的权力范围。

2）道德素质有待提高。由于我国工程造价咨询业刚刚起步，工程造价咨询机构技术力量和管理水平良莠不齐，编制的工程量清单文件欠规范，甚至存在一些不具备工程量清单编制能力、机械套用固定格式文件、一人支撑一个公司的中介机构，对于清单计价规范的使用造成了一定的影响。同时，由于清单本身不具备竞争性，所以很多人员放松了编制过程中的责任心，从而导致编制项目的不准确。

2. 从微观角度，计价规范本身存在的问题

原计价规范本身先天不足，主要表现在原计价规范规定存在过于笼统、门类不全、操作性不强等以下许多缺陷，阻碍了工程量清单计价模式的推行。

（1）原计价规范的统一格式需要改进，以明确分部分项工程项目的特征

原计价规范对分部分项工程量清单中的项目特征规定不明确，往往使招标人提供的工程量清单对项目特征描述不具体，特征不清、界限不明，使投标人无法准确理解工程量清单项目的构成要素，导致评标时难以合理地评定中标价；结算时发、承包双方引起争议，影响工程量清单计价的推进。

（2）原计价规范使用范围局限，缺少对合同价款管理内容的说明

原计价规范仅侧重于工程招投标阶段计价环节中应用清单计价模式时的相关规定，但对于传统定额计价模式和工程招投标后后续合同履行阶段的工程计量与价款支付、工程变更与现场签证、工程价款调整与工程索赔、工程结算以及工程造价纠纷处理等环节缺乏相应的规定，由此出现某些地方招标阶段用清单方法计价，施工及竣工阶段用定额方法结算的怪现象。同时原计价规范中对实行工程量清单计价的风险分担、价格风险因素调整、工程量清单项目价款与结算支付条件等没有明确的界定，这最终导致造价纠纷扯皮不断，市场秩序乱上添乱的混乱局面。

（3）原计价规范不能完全适应各地、各行业的计价要求

原计价规范的出台没能考虑我国各个省市的地域特性和各个行业惯例，没能给其留下一定的豁口和余地，于是基层为了“贯彻实施”规范，出现各地区、各行业自己版本的土规范，使原计价规范的统一性和强制性与地区行业的特殊性严重脱节，反而影响了国家规范的权威性。

（4）原计价规范的适用阶段不明确

原计价《规范》总则第1.0.3规定：“全部使用国有资金或国有资金投资为主的大中

型建设工程应执行本规范”。但这一条文并未说明国有投资项目应在基本建设程序的什么阶段执行规范。这样就带来一个严重的问题：初步设计概算的编制要不要执行规范，不执行就等于违反了规范中规定的强制性条文；若要执行规范，却因为设计只达到初步设计深度，许多措施项目、零星工程根本无法计量。虽然按规范总则第 1.0.2 条规定：本规范主要适用于建设工程招标投标的工程量清单计价活动。但由于第 1.0.3 条是强制性条文，因此从其法律地位上讲，远比 1.0.2 条要高。相对于 1.0.3 条，其他条文和解释明显形同虚设。

(5) 原计价规范对于清单计价时的风险划分不清，使承发包双方责任不明

原计价规范规定综合单价包括完成工程量清单中的一个规定计量单位项目所需的人工费、材料费、机械费、管理费、利润和风险费用。实际工作中，综合单价经常被枉然认为是绝对固定单价，包括了一切风险，工程结算时均不作调整。所以低价中标且没有考虑风险费用的工程，当遇到不可预见的不利事件时就对工程实施相当不利。近几年来，建筑材料价格涨跌幅度较大，如钢筋、沥青价格翻倍，如果不考虑风险费用或者在合同中没有约定风险范围，施工单位很难抵挡如此大的风险，导致工程中途停工，甚至偷工减料出现质量隐患，最终使工程无法顺利实施。

(6) 原计价规范中工程量清单编制责任不清，落实不到位

原计价规范明确表述招标人应对工程量清单编制负责，但往往在实际操作中，招标方在招标文件中规定招标人提供工程量清单仅供参考，要求投标人重新核实工程量。这样招标人就把工程量清单编制的责任和风险又全部推给了投标人，如果施工企业不能及时摆脱清单责任，业主就可以随时以投标人报价里包含了所有工程量风险为由来打压施工企业，施工企业将不得不额外承担不应由自己承担的工程量风险。

二、近几年工程建设领域与工程造价密切相关的事件及政策规定催生了 2008 规范的诞生

(1) 2002 年，全国人大《建筑法》执行情况检查团通过对部分省、市的检查，在向全国人大常委会的报告中指出：工程建设领域发、承包阶段较为严重地存在着“黑白”合同。造成工程价款结算争议，工程竣工结算多头审查或一审再审、以审代拖，形成久拖不结，由于工程款拖欠严重，进而造成拖欠农民工工资，引发严重的社会问题。为此，国务院决定从 2003 年起，在全国范围内开展清理拖欠工程款、清理拖欠农民工工资的活动。

(2) 为解决“清欠”中的法律依据问题，最高人民法院于 2004 年 9 月 29 日发布了《关于审理建设工程施工合同纠纷案件适用法律问题的解释》(法释【2004】14 号)。该解释对于工程合同价款如何认定等问题，为规范工程计价行为提供了法律依据。

(3) 财政部、建设部于 2004 年 10 月 20 日印发了《建设工程价款结算暂行办法》(财建【2004】369 号)(见附录一) 对工程建设领域涉及工程价款结算、价款支付、工程计量、工程变更与价款调整、索赔、竣工结算、工程价款审核、工程价款结算争议处理等问题作了针对性的明确规定，使规范工程计价行为有章可循。

(4) 2003 年 10 月 15 日，建设部、财政部印发了《建筑安装工程费用项目组成》(建标【2003】206 号)(见附录二)，提出了措施费和规费的概念。

(5) 2005 年 6 月 7 日，建设部办公厅印发了《建筑工程安全防护、文明施工措施费

用及使用管理规定》（建办【2005】89 号），明确规定上述费用由《建筑安装工程费用项目组成》中的文明施工费、环境保护费、临时设施费、安全施工费组成。并规定“投标方安全防护、文明施工措施的报价，不得低于依据工程所在地工程造价管理机构测定费率计算所需费用总额的 90%”。

（6）2006 年 11 月 22 日，建设部办公厅印发了《关于开展建筑工程实物工程量与建筑工种人工成本信息测算和发布工作的通知》（建办标函【2006】765 号），要求自 2007 年起开展建筑工程实物工程量与建筑工种人工成本信息测算发布工作，并进一步明确了人工成本信息的作用。

（7）2006 年 12 月 8 日，财政部、国家安全生产监督管理总局印发《高危行业企业安全生产费用财务管理暂行办法》（财企【2006】478 号），规定“建筑施工企业提取的安全费用列入工程造价，在竞标时，不得删减”。

（8）2004 年，建设部标准定额司委托中国建设工程造价管理协会组织煤炭、建材、冶金、有色、化工等五个专业委员会，编制了“2003 规范”附录 E“矿山工程工程量清单项目及计算规则”，建设部于 2005 年 2 月 17 日以计价规范局部修订的形式发布第 313 号公告，自 2005 年 6 月 10 日实施。2007 年 4 月，建设部又批准发布了由水利部组织编制的国家标准《水利工程工程量清单计价规范》GB 50501—2007。该项工作的顺利完成，为专业工程清单项目和计算规则的编制提供了良好示范。

（9）2007 年 11 月 1 日，国家发展改革委、财务部、建设部等九部委联合颁布了第 56 号令，在发布的《标准施工招标文件》中，规定了新的通用合同规定，该合同条款对工程变更的估价原则、暂列金额、计日工、暂估价、价格调整、计量与支付、预付款、工程进度款、竣工结算、索赔、争议的解决都有明确的定义和相应的规定。一些术语名词虽与“2003 规范”的名称不同，但实质意义却基本一致，为统一工程造价的术语名称提供了契机。

上述事件的发生及相关政策文件的出台，为“2008 规范”正文部分的修订，提供了政策依据，为正文条文的设置在思想认识上的逐步统一打下了基础。

针对以上问题，从 2006 年初开始，建设部经过两年多的工作，通过调查研究、总结经验，针对施行中存在的问题，经广泛征求意见，反复修改、审查，完成了计价规范的修订工作，经住房和城乡建设部与国家质量监督检验检疫总局联合发布《建设工程工程量清单计价规范》（GB 50500—2008），于 2008 年 12 月 1 日起施行。

三、新规范修编的指导思想与原则

从本次修编的力度来讲，新规范不是对旧规范的小修小补，而是在继承的基础上在许多方面有所突破，主要体现在以下六个方面：

1. 体现并遵循了国家有关法律法规的要求

新规范充分考虑了建筑法、合同法、招投标法以及相关规章制度实施的要求，在现有的法规框架下，补充和完善工程量清单计价规范的内容，如按照招投标法近年来实施的情况，对规范适用范围，新规范中规定：“全部使用国有资金或国有资金投资为主的工程项目，必须采用工程量清单计价”。与 2003 规范相比，扩大了规范实施的范围和力度。在规范有关合同价款确定的内容中，也体现了合同法和高法对施工合同司法解释的精神。

2. 总结了各地、各部门推行工程量清单改革的成果

在贯彻执行“2003 规范”5 年来，各级工程造价管理机构结合工作需要，做了许多开创性的工作，积累了实践经验，此次规范修订采纳了很多这些好的经验和做法。如规范设置了招标控制价有关规定，对安全文明施工费和规费做了强制性的规定，将竣工结算和工程计价争议等内容纳入了规范。

3. “2008 规范”强化了工程实施阶段全过程计价行为的管理

与“2003 规范”相比，“2008 规范”增加了大量的与合同价和工程结算相关的内容。这也是总结了全国人大《建筑法》执法检查后，特别是大规模清理建设领域拖欠工程款采取的一系列措施，新规范中增加的内容从技术层面上来讲，将防止或避免出现虚假施工合同、工程款拖欠和工程结算难等现象。同时，规范中新设置的内容或规定，是建立解决工程计价诸多问题长效机制的要求，规范作为参与建设各方计价行为的准则，对于规范建设市场的计价活动将产生长远的影响。

4. 充分考虑到我国建设市场的实际情况，体现国情

“2008 规范”按照“政府宏观调控，企业自主报价，市场形成价格，加强市场监督”的改革思路，在发展和完善社会主义市场经济体制的要求下，对工程建设领域中施工阶段发、承包双方的计价，适宜采用市场定价的充分放开，政府监管不越位；在现阶段还需政府宏观调控的，政府监管一定不缺位，并且要切实做好。因此，“2008 规范”在安全文明施工费、规费等计取上，规定了不允许竞价；在应对物价波动对工程造价的影响上，较为公平地提出了发、承包双方共担风险的规定。避免了招标人凭借工程发包中的有利地位无限制地转嫁风险的情况，同时遏制了施工企业以牺牲职工切身利益为代价作为市场竞争中降价的利益驱动。

5. 充分注意工程建设计价的难点，条文规定具有操作性

“2008 规范”对工程施工建设各阶段，各步骤计价的具体做法和要求都做出了具体而详尽的规定，使条文更具操作性。“2008 规范”从工程计价的实际需要出发，增加和修订了相关的工程造价计价的具体操作条款，并完善了工程量清单计价表格，使规范更贴近实际计价需要。“2008 规范”考虑到下一步附录的修改，将“2003 规范”的措施项目中的各专业工程的措施项目调整到了各专业工程的附录中。同时，从我国工程造价管理的实际出发，既考虑全国工程造价计价管理的统一性，又考虑各地方和行业计价管理的特点，允许地方和行业根据本地区、本行业工程造价计价特点，对规范中的计价表格进行补充，使“2008 规范”更加贴近工程造价管理的需要。

6. “2008 规范”修编工作积极、稳妥

“2008 规范”的修订工作长达两年多的时间，修订中充分发挥专家和专业人员的作用，广泛征求了造价管理机构、咨询企业和施工企业等方面的意见和建议，根据这些意见反复进行论证，数易其稿，尽管新规范中还可能存在某些不足之处，但可以说，新规范巩固了“2003 规范”实施的成果，反映了当前工程造价计价管理的水平和现状，同时对今后加强工程造价管理具有引导性和前瞻性。是一部内容丰富、可操作性强的计价规范。

2008 年 7 月 9 日，历经两年多的起草、论证和多次修改，住房和城乡建设部以第 63 号公告，发布了《建设工程工程量计价清单规范》GB 50500—2008（以下简称“2008 规范”），从 2008 年 12 月 1 日起实施。“2008 规范”的出台，对巩固工程量清单计价改革的

成果，进一步规范工程量清单计价行为具有十分重要的意义。

“2008 规范”的发布施行，将提高工程量清单计价改革的整体效力，更加有利于工程量清单计价的全面推行，更加有利于规范工程建设参与各方的计价行为，对建立公开、公平、公正的市场竞争秩序，推进和完善市场形成工程造价机制的建设必将发挥重要作用，进一步推动我国工程造价改革迈上新的台阶。

第三节　工程量清单及其招标控制价的编制

一、工程量清单的编制

工程量清单是指建设工程的分部分项工程项目、措施项目、其他项目、规费项目和税金项目的名称和相应数量等的明细清单，是建设工程实行清单计价的专用名词。

1. 工程量清单的编制依据

编制工程量清单应依据：

(1)“2008 规范”；

(2) 国家或省级、行业建设主管部门颁发的计价依据和办法；

(3) 建设工程设计文件；

(4) 与建设工程项目有关的标准、规范、技术资料；

(5) 招标文件及其补充通知、答疑纪要；

(6) 施工现场情况、工程特点及常规施工方案；

(7) 其他相关资料。

2. 工程量清单的编制内容

工程量清单是工程量清单计价的基础，应作为编制招标控制价、投标报价、计算工程量、支付工程款、调整合同价款、办理竣工结算以及工程索赔等的依据之一。“2003 规范”中包括分部分项工程量清单、措施项目清单和其他项目清单三个部分。而“2008 规范”中工程量清单包括分部分项工程量清单、措施项目清单、其他项目清单、规费项目清单和税金项目清单五部分。

“2008 规范”规定构成一个分部分项工程量清单的五个要件：项目编码、项目名称、项目特征、计量单位和工程量，这五个要件在分部分项工程量清单的组成中缺一不可，即由原来的“三个统一”变为“五个统一”。

(1) 分部分项工程量清单的编制及项目特征的描述

分部分项工程量清单应包括项目编码、项目名称、项目特征、计量单位和工程量，

并根据附录规定的项目编码、项目名称、项目特征、计量单位和工程量计算规则进行编制。分部分项工程量清单的项目编码，应采用 12 位阿拉伯数字表示。1～9 位应按附录的规定设置，10～12 位应根据拟建工程的工程量清单项目名称设置，统一招标工程的项目不得有重编码。分部分项工程量清单的项目名称应按附录的项目名称结合拟建工程的项目实际确定。

清单中包含的五个要件在分部分项工程量清单的组成中缺一不可。与“2003 规范”相比，新规范增加了项目特征，解决了工程量清单计价活动中对项目特征欠缺规定而带来

的困惑。

工程量清单的项目特征是确定一个清单项目综合单价不可缺少的重要依据，在编制的工程量清单中必须对其项目特征进行准确和全面的描述。但在实际的工程量清单项目特征描述中有些项目特征用文字往往又难以准确和全面地予以描述，因此为达到规范、统一、简捷、准确、全面描述项目特征的要求，在描述工程量清单项目特征时应按以下原则进行：

1）项目特征描述的内容按“2008 规范”附录规定的内容，项目特征的表述按拟建工程的实际要求，能满足确定综合单价的需要。

2）若采用标准图集或施工图纸能够全部或部分满足项目特征描述的要求，项目特征描述可直接采用详见××图集或××图号的方式。对不能满足项目特征描述要求的部分，仍应用文字描述。

由于“2003 规范”对项目特征描述的要求不明，往往使招标人提供的工程量清单对项目特征描述不具体，特征不清，界限不明，使投标人无法准确理解工程量清单项目的构成要素，导致评标时难以合理地评定中标价；结算时，发、承包双方引起争议，影响工程量清单计价的推进。因此，在工程量清单中准确地描述工程量清单项目特征是有效推进工程量清单计价的重要一环。工程量清单项目特征描述的重要意义在于：

1）项目特征是区分清单项目的依据。工程量清单项目特征是用来表述分部分项清单项目的实质内容，用于区分计价规范中同一清单条目下各个具体的清单项目。没有项目特征的准确描述，对于相同或相似的清单项目名称，就无从区分。

2）项目特征是确定综合单价的前提。由于工程量清单项目的特征决定了工程实体项目的实质内容，必然直接决定了工程实体的自身价值。因此，工程量清单项目特征描述的准确与否，直接关系到工程量清单项目综合单价的准确确定。

3）项目特征是履行合同义务的基础。实行工程量清单计价，工程量清单及其综合单价是施工合同的组成部分。因此，如果工程量清单项目特征的描述不清甚至漏项、错误，从而引起在施工过程中的更改，都会引起分歧，导致纠纷。

因此，准确地描述清单项目的特征对于准确地确定清单项目的综合单价具有决定性的作用。当然，由于种种原因，对同一个清单项目，由不同的人进行编制，会有不同的描述，尽管如此，体现项目本质区别的特征和对报价有实质影响的内容都必须描述，这一点是无可置疑的。

科学技术的发展日新月异，工程建设中新材料、新技术、新工艺不断涌现，“2008 规范”附录所列的工程量清单项目不可能包罗万象，更不可能包含随科技发展而出现的新项目。在实际编制工程量清单时，当出现“2008 规范”附录中未包含的清单项目时，编制人应作补充。编制人在编制补充项目时应注意以下三个方面：

1）补充项目的编码必须按“2008 规范”的规定进行。

2）在工程量清单中应附补充项目的项目名称、项目特征、计量单位、工程量计算规则和工作内容。

3）将编制的补充项目报省级或行业工程造价管理机构备案。

（2）措施项目清单的编制

措施项目中可以计算工程量的项目宜采用分部分项工程量清单的方式编制，列出项目编码、项目名称、计量单位和工程量；不可计算工程量的项目，以“项”为计量单位计量。

“2008规范”将实体性项目划分为分部分项工程量清单，非实体性项目划分为措施项目。所谓非实体性项目，一般来说，其费用的发生和金额的大小与使用时间、施工方法或者两个以上工序相关，与实际完成的实体工程量的多少关系不大，典型的是大中型施工机械、文明施工和安全防护、临时设施等。但有的非实体性项目，则是可以精确计量的项目，典型的是混凝土浇筑的模板工程，用分部分项工程量清单的方式，采用综合单价，更有利于措施费的确定和调整。

措施项目清单的编制需考虑多种因素，除工程本身的因素外，还涉及水文、气象、环境、安全等因素，“2008规范”仅提供了“通用措施项目一览表”（见表1-3），作为措施项目列项的参考。表中所列内容是指各专业工程的“措施项目清单”中均可列的措施项目。各专业工程的“措施项目清单”中可列的措施项目分别在附录中规定，应根据拟建工程的具体情况进行选择列项。

由于影响措施项目设置的因素太多，“2008规范”不可能将施工中可能出现的措施项目一一列出。在编制措施项目清单时，因工程情况不同，出现“2008规范”及附录中未列的措施项目，可根据工程的具体情况对措施项目清单作补充。

通用措施项目一览表 **表1-3**

序号	项目名称
1	安全文明施工（含环境保护、文明施工、安全施工、临时设施）
2	夜间施工
3	二次搬运
4	冬、雨季施工
5	大型机械设备进出场及安拆
6	施工排水
7	施工降水
8	地上、地下设施，建筑物的临时保护设施
9	已完工程及设备保护

新规范保留了“2003规范”中“通用措施一览表”中的大部分内容，作为“2008规范”的通用措施项目列项的参考。与“2003规范”相比，新规范的主要变化有：

1）将环境保护、文明施工、安全施工、临时设施合并定义为安全文明施工；

2）增加了“冬、雨季施工”、“地上地下设施、建筑物临时保护设施”两项；

3）施工排水与施工降水分为两项；

4）混凝土、钢筋混凝土模板及支架与脚手架分别列于附录A等专业工程中。

（3）其他项目清单的编制

1）主要变化

新规范与“2003规范”相比，条文由3条减为2条，但内容变化较大，主要有以下五点变化：

① 将“预留金”更名为“暂列金额”，并重新定义；

② 将“零星项目工作费”更名为“计日工”；

③ 增列了“暂估价”；

④ 对“总包服务费”重新定义；

⑤ 取消了“材料购置费”，其原因是“2003 规范”没有定义，“2008 规范”新设置了“材料暂估价”，取而代之。

2）其他项目清单的内容

其他项目清单宜按照下列内容列项：

① 暂列金额：暂列金额是招标人暂定并包括在合同中的一笔款项。不管采用何种合同形式，其理想的标准是，一份合同的价格就是其最终的竣工结算价格，或者至少两者应尽可能接近，我国规定对政府投资工程实行概算管理，经项目审批部门批复的设计概算是工程投资控制的刚性指标，即使商业性开发项目也有成本的预先控制问题，否则，无法相对准确地预测投资的收益和科学合理地进行投资控制，而工程建设自身的特性决定了工程的设计需要根据工程进展不断地进行优化和调整，业主需求可能会随工程建设进展出现变化，工程建设过程还会存在其他一些不能预见、不能确定的因素。消化这些因素必然会影响合同价格的调整，暂列金额正是因为这类不可避免的价格调整而设立，以便达到合理确定和有效控制工程造价的目标。

② 暂估价：包括材料暂估单价、专业工程暂估价。

暂估价是指招标阶段直至签订合同协议时，招标人在招标文件中给定的用于支付必然要发生但暂时不能确定价格的材料以及专业工程的金额。暂估价类似于 FIDIC 合同条款中的 Prime Cost Items，在招标阶段预见肯定要发生，只是因为标准不明确或者需要由专业承包人完成，暂时无法确定价格。暂估价数量和拟用项目应当结合“工程量清单”的“暂估价表”予以补充说明。为方便合同管理，需要纳入分部分项工程量清单项目综合单价中的暂估价应只是材料费，以方便投标人组价。

以“项”为计量单位给出的专业工程暂估价一般应是综合暂估价，应当包括除规费和税金以外的管理费、利润等取费。总承包招标时，专业工程设计深度往往是不够的，一般需要交由专业设计人设计。在国际上，出于提高可建造性考虑，一般由专业承包人负责设计，以发挥其专业技能和专业施工经验的优势。这类专业工程交由专业分包人完成是国际工程的良好实践，目前在我国工程建设领域也已经比较普遍。公开透明地合理确定这类暂估价的实际开支金额的最佳途径就是通过建设项目招标人与施工总承包人共同组织的招标。

③ 计日工：计日工是为了解决现场发生的零星工作的计价而设立的。国际上常见的标准合同条款中，大多数都设立了计日工（Daywork）计价机制。计日工以完成零星工作所消耗的人工工时、材料数量、机械台班进行计量，并按照计日工表中填报的适用项目的单价进行计价支付。计日工适用的所谓零星工作一般是指合同约定之外的或因变更而产生的、工程量清单中没有相应项目的额外工作，尤其是那些时间不允许事先商定价格的额外工作。

计日工为额外工作和变更的设计提供了一个方便快捷的途径。但是，在以往的实践中，计日工经常被忽略。其中一个主要原因是因为计日工项目的单价水平一般要高于工程量清单单价的水平。理论上讲，合理的计日工单价水平一般要高于工程量清单的价格水平，其原因在于计日工往往是用于一些突发性的额外工作，缺少计划性，承包人在调动施工生产资源方面难免会影响已经计划好的工作，生产资源的使用效率也有一定的降低，客观上造成超出常规的额外投入。另一方面，计日工清单往往忽略给出一个暂定的工程量，无法纳入有效的竞争，也是造成其单价水平偏高的原因之一，因此，计日工表中一定要给出暂定数量，并且需要根据经验，尽可能估算一个比较贴近实际的数量。当然，尽可能把项目列全，防患于未然，也是值得充分重视的工作。

④ 总承包服务费：总承包服务费是为了解决招标人在法律、法规允许的条件下进行专业工程发包以及自行采购供应材料、设备时，要求总承包人对发包的专业工程提供协调和配合服务（如分包人使用总包人的脚手架）；对供应的材料、设备提供收、发和保管服务以及对施工现场进行统一管理；对竣工资料进行统一汇总整理等发生并向总承包人支付的费用。招标人应当预计该项费用并按投标人的投标报价向投标人支付该项费用。

工程建设标准的高低、工程的复杂程度、工程的工期长短、工程的组成内容、发包人对工程管理要求等都直接影响其他项目清单的具体内容，“2008 规范”仅提供四项作为列项参考。其不足部分，可根据工程的具体情况进行补充。

（4）规费项目清单的编制

规费项目清单应按下列内容列项：

1）工程排污费；

2）工程定额测定费；

3）社会保障费（包括养老保险费、失业保险费、医疗保险费）；

4）住房公积金；

5）危险作业意外伤害保险。

根据建设部、财政部《建筑安装工程费用项目组成》（建标【2003】206 号）的规定，规费包括工程排污费、工程定额测定费、社会保险（养老保险、失业保险、医疗保险）、住房公积金、危险作业意外伤害保险。

规费作为政府和有关权力部门规定必须缴纳的费用，政府和有关权力部门可根据形势发展的需要，对规费项目进行调整。因此，编制人对《建筑安装工程费用项目组成》未包括的规费项目，在编制规费项目清单时应根据省级政府或省级有关权力部门的规定列项。

（5）税金项目清单的编制

税金项目清单应包括下列内容：

1）营业税；

2）城市维护建设税；

3）教育费附加。

根据建设部、财政部“关于印发《建筑安装工程费用项目组成》的通知”（建标【2003】206 号）的规定，目前我国税法规定应计入工程造价内的税种包括营业税、城市维护建设税及教育费附加。如国家税法发生变化，税务部门依据职权增加了税种，应对税金项目清单进行补充。

二、工程量清单计价

实行工程量清单计价时，其工程造价由分部分项工程费、措施项目费、其他项目费和规费、税金五部分组成。

1. 分部分项工程量清单计价

“分部分项工程量清单计价应采用综合单价计价”的条文在“2008 规范”里上升为强制性条文。《建筑工程施工发包与承包计价管理办法》（建设部令第 107 号）第五条规定，工程计价方式包括工料单价法和综合单价法。实行工程量清单计价应采用综合单价法。“综合单价”是相对于工程量清单计价而言，是对完成一个规定计量单位的分部分项清单项目、措施清单项目所需的人工费、材料费、施工机械使用费、企业管理费、利润以及包含一定范围的风险因素的价格表示。与“2003 规范”相比，“2008 规范”将原来“并考虑风险因素”改为“以及一定范围内的风险费用”，对风险做了一定的限制。

招标文件中的工程量清单标明的工程量是投标人投标报价的共同基础，竣工结算的工程数量按发、承包双方在合同中约定应予计量且实际完成的工程量确定。招标文件中工程量清单所列的工程量是一个预计工程量，它一方面是投标人进行投标报价的共同基础，另一方面也是对各投标人的投标报价进行评审的共同平台，体现了招投标活动中的公开、公平、公正和诚实信用原则。发、承包双方工程结算的工程量应按经发、承包双方认可的实际完成工程量确定，而非招标文件中工程量清单所列的工程量。

2. 措施项目清单计价

应根据拟建工程的施工组织设计，可以计算工程量的措施项目，应按分部分项工程量清单的方式采用综合单价计价；其余的措施项目可以“项”为单位的方式计价，应包括除规费、税金外的全部费用。与“2003 规范”相比，措施项目的计价在此更具有可操作性。

根据《安全生产法》、《建设工程安全生产管理条例》等法规的规定，建设部印发了《建筑工程安全防护、文明施工措施费及使用管理规定》（建办【2005】89 号），将安全文明施工费纳入国家强制性标准管理范围，其费用标准不予竞争。

3. 其他项目清单计价

由于其他项目清单在编制招标控制价、投标报价和竣工结算时要求不一样，因此其在不同实施阶段的计价原则也是不同的（见表 1-4）。

其他项目清单计价编制原则 **表 1-4**

编制招标控制价	编制投标报价	编制竣工结算
1. 暂列金额应根据工程特点，按有关计价规定估算； 2. 暂估价中的材料单价应根据工程造价信息或参考市场价格估算；暂估价中专业工程金额应分不同专业，按有关计价规定估算； 3. 计日工应根据工程特点和有关计价依据计算； 4. 总承包服务费应根据招标人列出的内容和要求估算	1. 暂列金额应按招标人在其他项目清单中列出的金额填写； 2. 材料暂估价按招标人在其他项目清单中列出的单价计入综合单价； 专业工程暂估价应按招标人在其他项目清单中列出的金额填写； 3. 计日工按招标人在其他项目清单中列出的项目和数量，自主确定综合单价并计算计日工费用； 4. 总承包服务费根据招标文件中列出的内容和提出的要求自主确定	1. 计日工按发包人实际签证确认的事项计算； 2. 暂估价中的材料单价按发、承包双方最终确认价在综合单价中调整；专业工程暂估价应按中标价或发包人、承包人与分包人最终确认价计算； 3. 总承包服务费应依据合同约定金额计算，如发生调整的，以发、承包双方确认调整的金额计算； 4. 索赔费用依据发、承包双方确认的索赔事项和金额计算； 5. 现场签证费用应依据发、承包双方签证资料确认的金额计算； 6. 暂列金额应减去工程价款调整与索赔、现场签证金额计算，如有余额归发包人

4. 规费和税金项目清单计价

规费和税金清单项目及费用计取标准由国家及省级建设主管部门依据国家税法及省级政府或省级有关权力部门的规定确定，在工程造价计价时应按国家或省级、行业建设主管部门的有关规定计算。

三、招标控制价的编制

1. 招标控制价的设立

在以往的招投标工作中，标底价格在评标定标过程中都起到了不可替代的作用。在实施工程量清单条件下，形成了由招标人按照国家统一的工程量计算规则计算工程数量，由投标人自主报价，经评审低价中标的工程造价模式。标底价格的作用在招投标中的重要性逐渐弱化，这也是工程造价管理与国际接轨的必然趋势。经评审低价中标的工程造价模式，必然会引导我国建筑市场形成国际上一般的无标底价格的工程招投标模式。

因此在“2008 规范”中，与“2003 规范”中对于标底的说法做了全新的改变，不叫标底，而叫“招标控制价”，这是此次新规范的最大亮点之一。同时，新规范对于编制“招标控制价”做了更加具有可操作性的完善、更加明确具体的规定。新规范条文说明中指出“招标控制价”是在工程招标发包过程中，由招标人根据有关计价规定计算的工程造价，其作用是招标人用于对招标工程发包的最高限价，有的地方亦称拦标价、预算控制价。招标控制价的作用决定了招标控制价不同于标底，无需保密。为体现招标的公平、公正，防止招标人有意抬高或压低工程造价，招标人应在招标文件中如实公布招标控制价，不得对所编制的招标控制价进行上浮或下调。同时，招标人应将招标控制价报工程所在地的工程造价管理机构备查。

2. 招标控制价的编制原则

国有资金投资的工程建设项目应实行工程量清单招标，并应编制招标控制价。招标控制价超过批准的概算时，招标人应将其报原概算审批部门审核。投标人的投标报价高于招标控制价的，其投标应予拒绝。

(1) 国有资金投资的工程建设项目应实行工程量清单招标，并应编制招标控制价。

我国对国有资金投资项目的投资控制实行的是投标概算审批控制制度，国有资金投资的工程其投资原则上不能超过批准的投资概算。国有资金投资的工程在进行招标时，根据《招投标法》的规定，招标人可以设标底。当招标人不设标底时，为有利于客观、合理地评审投标标价和避免哄抬标价，造成国有资产流失，招标人应编制招标控制价。

(2) 招标控制价超过批准的概算时，招标人应将其报原概算审批部门审核。

本条规定了国有资金投资的工程在招、投标过程中，当招标人编制的招标控制价超过批准的概算时的处理原则：招标人应将超过概算的招标控制价报原概算审批部门进行审批。

(3) 投标人的投标报价高于招标控制价的，其投标应予拒绝。

国有资金投资的工程，招标人编制并公开的招标控制价相当于招标人的采购预算，同时要求其不能超过批准的概算。因此，招标控制价是招标人在工程招标时能接受投标人报价的最高限价。国有资金中的财政性资金投资的工程在招投标时还应符合《政府采购法》相关条款的规定，其第 36 条规定：“在招标采购中，出现下列情形之一的，应予废标…

（三）投标人的报价均超过了采购预算，采购人不能支付的。”

3. 招标控制价的编制人及编制依据

（1）招标控制价的编制人：招标控制价应由具有编制能力的招标人，或受其委托具有相应资质的工程造价咨询人编制。

由具有编制能力的招标人负责编制，当招标人不具备编制招标控制价的能力时，应委托具有相应资质的工程造价咨询人编制招标控制价。根据《工程造价咨询企业管理办法》（建设部令第 149 号）的规定，工程造价咨询人应在其资质许可的范围内接受招标人的委托，编制招标控制价。

工程造价咨询人不得同时接受招标人和投标人对同一工程的招标控制价和投标报价的编制。

（2）招标控制价的编制依据

招标控制价应根据下列依据编制：

1）“2008 规范”。

2）国家或省级、行业建设主管部门颁发的计价定额和计价办法：国家或省级、行业建设主管部门对工程造价计价中费用或费用标准有政策规定的，应按政策规定执行。费用或费用标准的政策规定有幅度的，应按幅度的上限执行。

3）建设工程设计文件及相关资料。

4）招标文件中的工程量清单及有关要求。

5）与建设项目相关的标准、规范、技术资料。

6）工程造价管理机构发布的工程造价信息，工程造价信息没有发布的按市场价：采用的材料价格应是工程造价管理机构通过工程造价信息发布材料单价，工程造价信息未发布材料单价的材料，其材料价格应通过市场调查确定。

7）其他的相关资料。

4. 招标控制价的编制内容

（1）分部分项工程的计价原则

1）采用的工程量，应是依据分部分项工程量清单中提供的工程量。

2）综合单价的组成内容是完成一个规定计量单位的分部分项工程量清单项目所需的人工费、材料费、施工机械使用费和企业管理与利润，以及招标文件确定范围内的风险因素费用。

3）招标文件提供了有暂估单价的材料，应按暂定的单价计入综合单价。

4）综合单价中应包括招标文件中招标人要求投标人所承担的风险内容及其范围（幅度）产生的风险费用。

（2）措施项目费的计价原则

1）措施项目内容：依据招标文件中措施项目清单所列内容；

2）措施项目清单费的计价方式：凡可精确计量的措施清单项目宜采用综合单价方式计价，其余的措施清单项目采用以“项”为计量单位的方式计价；

3）措施项目清单的计价依据和确定原则：国家或省级、行业建设主管部门颁发的计价定额及相关规定和工程造价管理机构发布的工程造价信息或市场价格。其中安全文明施工费应按国家或省级、行业建设主管部门的规定标准计价。

(3) 其他项目费的计价原则

1) 暂列金额应根据工程特点，按有关计价规定估算：暂列金额可根据工程复杂程度、设计深度、工程环境条件等特点进行估算，一般可以分部分项工程费的10%～15%作为参考。

2) 暂估价中的材料单价应按照工程造价管理机构发布的工程造价信息或参考市场价格估算；暂估价中专业工程金额应分不同专业，按有关计价规定估算。

3) 计日工应根据工程特点和有关计价依据计算：招标人应根据工程特点，按照列出的计日工项目和有关计价依据，填写用于计日工计价的人工、材料、机械台班单价并计算计日工费用。

4) 总承包服务费应根据招标人列出的内容和要求估算：招标人应根据招标文件中列出的内容和向总承包人提出的要求计算总承包费，可参照下列标准计算：

① 招标人仅要求对分包的专业工程进行总承包管理和协调时，按分包的专业工程估算造价的1.5%计算。

② 招标人要求对分包的专业工程进行总承包管理和协调并同时要求提供配合服务时，根据招标文件中列出的配合服务内容和提出的要求按分包的专业工程估算造价的3%～5%计算。

③ 招标人自行供应材料的，按招标人供应材料价值的1%计算。

(4) 规费和税金的计价原则

规费和税金应按国家、省级或行业建设主管部门的规定计算，不得作为竞争性费用。

第二章　国外建设工程造价管理

工程造价管理模式并非统一，在不同的区域有不同的方式和管理形式，所以 WTO 并不能让每个成员接受其中的任何一种形式。随着国际建筑业的发展，发达国家的建筑工程造价管理已在科学化、规范化、程序化的轨道上运行，已形成了许多好的国际惯例。

当前学术界对国际惯例比较一致的看法是，在建设工程管理领域，尤其是工程造价管理领域里，存在着三种模式：第一，以英国为代表的工料测量体系（Quantity Surveying-QS）；第二，以北美的造价工程管理（Cost Engineering）为代表的体系；第三，日本的工程积算制度。美、英、日本和德国等国家在工程造价管理上结合本国的实际情况，建立了比较科学、严谨、完善的管理制度，通过制定切实可行的办法，使工程造价从投标报价到中标后的实施，得到全过程的控制与管理。这些成功的经验在我国建筑工程造价管理的改革中均可借鉴。

第一节　国外建筑安装工程费用的构成

一、费用构成

1. 直接工程费的构成

（1）工资。国外一般工程施工的工人按技术要求划分为高级技工、熟练工、半熟练工和壮工。当工程价格采用平均工资计算时，要按各类工人总数的比例进行加权计算。工资应该包括工资、加班费、津贴、招雇解雇费用等。

（2）材料费。主要包括以下内容：

1）材料原价：在当地材料市场中采购的材料则为采购价，包括材料出厂价和采购供销部门手续费等。进口材料一般是指到达海港的交货价。

2）运杂费：在当地采购的材料是指从采购地点至工程施工现场的短途运输费、装卸费。进口材料则为从当地海港运至工程施工现场的运输费、装卸费。

3）税金：在当地采购的材料，采购价格中已经包括税金；进口材料则为工程所在国的进口关税和手续费等。

4）运输损耗及采购保管费。

5）预涨费：根据当地材料价格年平均上涨率和施工年数，按材料原价、运杂费、税金之和的一定比例计算。

（3）施工机械费。大型自有机械台时单价，一般由每台时应摊折旧费、应摊维修费、台时消耗的能源和动力费、台时应摊的驾驶人员工资以及工程机械设备险投保费、第三者责任险投保费等组成。如使用租赁施工机械时，其费用则包括租赁费、租赁机械的进出场费等。

2. 管理费

管理费包括工程现场管理费（约占整个管理费的20%～30%）和公司管理费（约占整个管理费的70%～75%），管理费除了包括与我国施工管理费构成相似的工作人员工资、工作人员辅助工资、办公费、差旅交通费、固定资产使用费、生活设施使用费、工具用具使用费、劳动保护费、检验试验费以外，还含有业务经费。业务经费包括：

(1) 广告宣传费；

(2) 交际费；

(3) 业务资料费；

(4) 业务所需手续费；

(5) 代理人费用和佣金；

(6) 保险费；

(7) 税金；

(8) 向银行借款的利息。

3. 利润

国际市场上，施工企业的利润一般为成本的10%～15%，也有的管理费与利润合取，为直接费的30%左右。具体工程的利润率要根据具体情况，如工程难易、现场条件、工期长短、竞争对手的情况等随行就市确定。

4. 开办费

开办费一般是在各分部分项工程造价的前面按单项工程分别单独列出。单项工程建筑安装工程量越大，开办费在工程价格中的比例就越小；反之开办费就越大。一般开办费约占工程价格的10%～20%。

(1) 施工用水、用电费；

(2) 工地清理费及完工后清理费、建筑物烘干费和临时围墙、安全信号、防护用品的费用以及恶劣气候条件下的工程防护费、噪声费、污染费及其他法定的防护费用；

(3) 周转材料费：如脚手架、模板的摊销等；

(4) 临时设施费：包括生活用房、生产用房、临时通信、室外工程的费用，可按实际需要计算；

(5) 驻工地工程师的现场办公室及所需设备的费用和现场材料实验室所需设备的费用；

(6) 其他：包括工人现场福利费及安全费、职工交通费、日常气候报表费、现场道路及进出场道路修筑及维护费、恶劣天气下的工程保护措施费、现场保卫设施费。

5. 暂定金额

暂定金额指包括在合同中，供工程任何部分的施工或提供货物、材料、设备或服务、不可预料事件所使用的一项金额，这项金额只有工程师批准后才能动用。

6. 分包工程费用

(1) 分包工程费：包括分包工程的直接工程费、管理费和利润。

(2) 总包利润和管理费。指分包单位向总包单位交纳的总包管理费、其他服务费和利润。

二、费用的组成形式和分摊比例

1. 组成形式

上述组成造价的各项费用体现在承包商投标报价中有三种形式：组成分部分项工程单价、单独列项、分摊进单价。

（1）组成分部分项工程单价。人工费、机械费和材料费直接消耗在分部分项工程上，在费用和分部分项工程之间存在着直观的对应关系，所以人工费、材料费和机械费组成分部分项工程单价，单价与工程量相乘得出分部分项工程价格。

（2）单独列项。开办费中的项目有临时设施、为业主提供的办公和生活设施、脚手架等费用，经常在工程量清单的开办费部分单独分项报价。这种方式适用于不直接消耗在某个分部分项工程上，无法与分部分项工程直接对应，但是对完成工程建设必不可少的费用。

（3）分摊进单价。承包商总部管理费、利润和税金，以及开办费中的项目经常以一定的比例分摊进单价。

需要注意的是，开办费项目在单独列项和分摊进单价这两种方式中采取哪一种，要根据招标文件和计算规则的要求而定。有的计算规则包括的开办费项目比较齐全，有的计算规则包括的开办费项目比较少。例如，英国的SMM7计算规则的开办费用项目就比较齐全，而同样比较有影响的《建筑工程量计算原则（国际通用）》就没有专门的开办费用部分，要求把开办费都分摊进分部分项工程单价。

2. 分摊比例

（1）固定比例。税金和政府收取的各项管理费的比例是工程所在地政府规定的费率，承包商不能随意变动。

（2）浮动比率。总部管理费和利润的比例由承包商自行确定。承包商根据自身经营状况、工程具体情况等投标策略确定。一般来讲，这个比例在一定范围内是浮动变化的，不同的工程项目、不同的时间和地点，承包商对总部管理费和利润的预期值都不会相同。

（3）测算比例。开办费的比例需要详细测算，首先计算出需要分摊的项目金额，然后计算分摊金额与分部分项工程价格的比例。

（4）公式法。可参考下列公式分摊：

$$A = a(1+K_1)(1+K_2)(1+K_3)$$

式中 A——分摊后的分部分项工程单价；

a——分摊前的分部分项工程单价；

K_1——开办费项目的分摊比例；

K_2——总部管理费和利润的分摊比例；

K_3——税率。

第二节 美国工程造价管理

美国有统一的计价依据和标准，是典型的市场化价格。工程估算、概算、人工、材料和机械消耗定额，不是由政府部门组织制订的，而是由几个大区的行会（协会）组织，按照各施工企业工程积累的资料和本地区实际情况，根据工程结构、材料种类、装饰方式等，制订出平方英尺建筑面积的消耗量和基价，并以此作为依据，将数据输入电脑，推向市场。这些数据资料虽不是政府部门的强制性法规，但因其建立在科学性、准确性、公正性及实际工程资料的基础上，能反映实际情况，得到社会的普遍公认，并能顺利加以实施。因此，工程造价计价主要由各咨询机构制定单位建筑面积消耗量，基价和费用估算格式，由承发包双方通过一定的市场交易行为确定工程造价。

一、美国的工程造价费用组成

美国的工程造价费用分为两部分：一部分为直接费用；另一部分为间接费用。美国的工程费用划分充分反映了在市场经济条件下工程价格的形成方式。

1. 直接费用

直接费用是指与工程直接有关的所有费用，通常由于工程量和组成的不同而异，直接费用包括：

(1) 工资和附加的有关费用：包括施工人员基本工资和领班的基本工资，工资外的有关补贴及税金、施工人员的保险费、社会救济费等；在工资和有关费用中，国家没有统一的标准。其基本资料是从劳务市场的信息中获得。而施工企业中的二线人员和管理人员的工资不能计入其中。

(2) 工程材料费：包括工程材料费的采购原值、安装费、销售税、使用税、水运费、水运保险费、码头费、关税以及公路和铁路运至工地现场的费用。

(3) 建筑设备费（机械费）：包括设备原值和现场使用费，但对低于500元以下的小型机具不计建筑设备费用。建筑设备费用的分摊是以比例摊销的，不能一次计入某个工程，所以报价前应对建筑设备的摊销比例进行具体的确定。

(4) 消耗品费：包括完成工程所需的全部消耗品和辅助材料。消耗品虽不是与工程实体构成有关，但它是完成实体的一部分，所以作为直接费进入工程造价。辅助材料包括的是燃料、润滑油、石油制品、设备维修用的零部件、电力、电缆、锯条、轮胎、混凝土模板工程中所用的木料和模板等。

(5) 分包合同费：分包给二包的全部合同费用。二包（分包）在美国是很普遍的，一个总包商对工程的承包，必须有与其长期合作的专业分包商，拟已分包专业技术工程，这部分费用应全部计入二包费用。

2. 间接费用

间接费用是指不是与工程直接有关的所有费用。间接费通常因工期的长短而不同，通常都是能确定适当的合理工期，在工程确定直接费用后，才被确定。间接费主要包括：

(1) 施工管理部门的人员工资、保险费；

(2) 退休人员的开支；

(3) 机动车辆开支（不包括建筑设备）；

(4) 人工短途运输费；

(5) 机动车辆牌照和许可证费；

(6) 其他施工费；

(7) 临时工程费；

（8）一般公用事业设施安装费；

（9）临时道路费；

（10）工地临时房屋建设费；

（11）工地住房管理费；

（12）工资单外的保险费；

（13）工资单外的税金；

（14）施工流动资金贷款利息（财务经费的一部分）；

（15）上交总管理处费用（上级管理费）；

（16）合同保证金；

（17）总经费和施工管理费；

（18）意外事故费用；

（19）利润。

一般工程报价中，意外事故费用和利润是单列的，其他费用是以直接费为基础确定的，但不论如何，确定的方法是要贴切市场价格实际，由于美国建筑市场制度完善，一般报价的差距不超过5%，任何认为招标人已在招标文件中已包含的内容不再补给。

二、美国的造价信息

美国工程报价没有统一的标准，建筑市场上报价通常参考以下几种信息来源（包括自己积累的资料）：

（1）以许多社会中介组织为基础，收集整理出一些基本资料，由图书出售商整理编印，供社会及投资者报价或作估价应用。

（2）众多的报价工作人员，收集历史资料和已应用的施工方法和程序，在实践中不断修正和改进，进而形成有规律报价方式，提高自己报价的准确性。

（3）社会有关部门发布有关工程价格信息供社会应用，如“房屋建筑造价资料”、“机械电器造价资料”、“电器工程造价资料”等。

但考虑到造价信息的使用和可靠性问题，政府或民间出版的造价信息对大多数承包商来说，是辅助的、参考性的，最可靠的应是他们自己积累的工程造价数据和资料。当估算人缺少资料时才考虑上述公开造价信息，估算人也可以利用这些公开信息匡算复核自己的估价。对业主或顾问来说，政府保留的前期投标报价列表是非常有用的价格资料，通常只考虑前三名投标人的报价单，其他缺少竞争的报价排除在外。

三、美国工程造价管理的行业协会及造价工程师

美国工程造价管理的行业协会名为美国国际工程造价促进协会（AACE-I），其前身为美国造价工程师协会（AACE），成立于1976年，于1992年更改为现名。该协会一直处于造价工程师、估价师、项目经理、项目控制专家等行业协会的领导地位。目前，国际工程造价促进协会作为一个独立的行业协会，个人专业会员超过6600人，分布在包括美国本土在内的世界上84个国家和地区，是服务于造价管理全过程领域最大的国际性行业组织之一。该协会下设技术部、注册部及教育部等职能部门，其中技术部在该协会的作用最为重要。

1. AACE-I 的技术委员会

该协会的技术部包括许多技术委员会，每一个技术委员会均致力于一个特殊的功能领域，具体有：商业和项目计划委员会、经济和财务分析委员会、决策与风险管理委员会、计划与进度委员会、生产能力委员会、材料管理委员会、成本估算委员会、价值工程与建造委员会、计划与项目管理委员会、项目及成本控制委员会、合同管理委员会、技能技术委员会等。所有这些委员会构成了 AACE-I 的技术委员会。

2. 美国造价工程师的职责

经过多年的实践和研究，美国国际工程造价促进协会对造价工程师的工作及职能提出了新的定义，并得到了美国社会的普遍认可。造价工程师的职责是：

(1) 计划与进度控制者；

(2) 造价分析师、系统分析师、知识工程师和价值工程师；

(3) 项目的领导者；

(4) 经济分析师、参数分析师和预算分析师；

(5) 项目控制专家和高级主管人员；

(6) 资源和材料经理、合同经理和索赔专家；

(7) 生产力分析专家，项目可行性赢利能力分析师；

(8) 质量及其他方面的管理者。

3. 加强造价工程师管理的措施

为了实现造价工程师的职责，美国国际工程造价促进协会采取了一系列措施来全面提升会员的知识结构和水平。这些措施包括：造价工程师资格认证制度、相关培训、考试、继续教育等内容。目前，该协会的会员包括估价师、估算师、项目经理等人员。AACE-I 认证的造价资格主要有两种，分别为认证造价工程师和认证咨询工程师。两者的区别是：要想成为认证造价工程师，必须拥有 4 年公认的工程学科学位。此外，由于在美国一些地区的地方法律规定，不是注册的职业工程师禁止使用认证造价工程师资格，即使其拥有公认的工程学位也不行。鉴于此，AACE-I 推出了认证咨询工程师这个资格来授予那些通过认证，但法律上不允许使用认证造价工程师资格的人员，除此之外，两者基本没有差别。

(1) 造价工程师认证的条件

认证的造价工程师必须拥有至少 8 年的专业经历，其中 4 年必须拥有公认的工程学科学位；认证咨询工程师则必须拥有至少 8 年的相关职业经验，其中 4 年可以由相关学科来代替，条件较认证造价工程师低些。此外，申请人还必须同时成功通过一次笔试和一篇关于全面造价管理方面的专业性论文来证明自己获得的经验与知识。

(2) 造价工程师的考试

美国造价工程师证书的考试由 AACE-I 负责，笔试每年两次。考试内容分四个部分：

第一部分：基础知识与技能。包括电脑操作、度量换算、统计与概率、成本与进度计划、基本的财务知识等。

第二部分：成本的估价与控制。包括工程造价的构成、会计账目表、工作细化结构(WBS)、成本计算与定价、估算方法、估价类型及目的、造价指数、风险分析及不可预见费、预算与现金流量等。

第三部分：项目管理。包括管理理论及组织结构、行为科学、动机研究、综合项目控制、计划及进度安排、质量和材料管理、合同管理和社会及法律问题等。

第四部分：经济分析。包括价值工程、比较经济研究、寿命期费用、工程经济及预测等。

考试题型有：数学计算题、论述题、多项选择题、判断题、比较和制图题等，有些问题还可以进行开卷考试。考试时间为 6 小时，得分必须在 70 分以上。专业论文必须经过认证专家委员会审核通过后，才可以取得相应资格。

四、美国工程造价管理的特色

1. 美国在工程量清单计价方面的做法

西方经济发达国家在工程招投标报价方法（国内多称工程量清单法）的名称、表现形式、内容、分项和编码、工程量计算规则上并不统一，即使在同一国家，它们也可能不同。美国没有像英国那样设立独立的工料测量师制度，他们在工程量清单方面显得比较灵活。

美国的一些行业协会和较大的工程顾问公司，推出的方法和规则对建筑领域和工程造价行业影响较大，多数从业人员采用他们制定的规则和估算方法。

在美国建筑工程的招标列项中，政府和私营项目有所区别。政府的工程合约受到相关各种法律和规定的限制，以保证正确的财务核算和对政府的公共资金支出的监督。政府或权力部门在合同文件中列有招标项目单并对每一项目给予严格的定义。合同实施中工程项目单用以作为支付和进行现金流量分析的依据。私营业主则不受与公共资金相关的法律和规定的限制。因此，私营业主常省却招标项目单（工程量清单），采用总价合同形式。

2. 广泛地应用价值工程

美国的工程造价的估算是建立在价值工程基础上的，在工程设计方案的研究和论证中，一般都有估价师的参与，以保证在实现建筑功能的前提下，尽可能减少工程成本，使造价建立在合理的水平上，从而取得最好的投资效益。

3. 紧密结合质量和工期来控制造价

在美国的工程管理体系中，把造价同工期、质量作为一个系统来进行综合管理。其理念是：首先，任何工程必须在满足工程质量要求的前提下合理地确定工期；其次，任何工程必须先有工程质量标准要求，然后才谈得上造价的合理确定；最后，工程必须严格按计划工期履行，才有可能不突破预定的造价。

4. 对工程造价变更与工程结算的严格控制

在美国一般只有在发生合同变更、工程内部调整以及重新安排项目计划等情况时才可以进行工程造价变更。发生工程造价的变更均需填报工程预算基价变更申请表等一系列文件，并经业主和主管工程师批准签字后方可执行。

对于承包商未超出预算的付款结算申请，经业主委托的造价工程师审查，经业主批准后予以结算。对于超过预算 5%以上的付款申请，必须经过严格的原因分析与审查。

第三节　英国工程造价管理

一、英国工料测量与工料测量师制度

英国作为工业革命运动的发起国，世界发达的资本主义国家，及其“辉煌”的“日不

落帝国”的殖民历史，对世界产生了深远而广泛的影响，建筑业作为其产业的重要组成部分，也不例外地对世界产生了重要的影响。英国的工程造价管理模式至今仍为英联邦国家所广泛采用。

在英国乃至英联邦国家的建筑领域是很难见到工程造价管理这个概念的，英国的专用名词叫工料测量（Quantity surveying）。工料测量与我国的工程造价管理的内容基本上是一致的。英国的工程造价管理有着悠久的历史，经过几百年的实践形成了全英统一的《建筑工程工程量计量规则》（SMM）和工程造价管理体系，使工程造价管理工作形成了一个科学化、规范化的颇有影响的独立专业。

英国工程项目管理的一个重要特点就是工料测量师的使用。在建筑工程工料测量领域里从事工程量计算和估价及与合同管理有关的人士传统上根据其是代表业主还是承包商又有不同的叫法，人们将受雇于业主代表的称为“工料测量师”，或称为业主的估价顾问；另一种则受雇于承包商，人们习惯上称其为“估价师”，或称为承包商的测量师。但两者的技术能力与所需资格并没有绝对的界限划分，比如以前为某业主代表的工料测量师，以后也可能受雇于其他承包商作为其工程估价师。

英国的工料测量（工程造价管理）活动包括的内容非常广泛，大致如下：

（1）预算咨询、可行性研究、成本计划和控制、通货膨胀趋势预测；

（2）就施工合同的选择进行咨询，选择承包商；

（3）建筑采购，招标文件的编制；

（4）投标书的分析与评价，标后谈判，合同文件的准备；

（5）在工程进行中的定期成本控制，财务报表，变更成本估计；

（6）已竣工工程的估价，决算，合同索赔的保护；

（7）与基金组织的协作；

（8）成本重新估计；

（9）对承包商破产或被并购后的应对措施；

（10）应急合同的财务管理。

工程量的测算、计算方法是工料测量的基础，由于英国没有统一的价格定额，工程量计算规则就成为参与工程建设各方共同遵守的计算基本工程量的规则。对于建筑工程，由英国皇家测量师学会组织制定的《建筑工程工程量标准计算规则》应用最为广泛，并为各方共同认可，该规则自发布以来已修订过6次，现行的是1987修订的第7版（SMM7）。对于土木工程，英国土木工程师学会编制了《土木工程工程量标准计算规则》。统一的工程量计算规则为工程量的计算、计价工作及工作造价管理提供了科学化、规范化的基础。

二、英国工程建设费的组成

1. 工程建设费的组成

在英国，一个工程项目的工程建设费从业主的角度由以下的项目组成：

（1）土地购置或租赁费；

（2）现场清除及场地准备费；

（3）工程费；

（4）永久设备购置费；

(5) 设计费；

(6) 财务费用，如贷款利息等；

(7) 法定费用，如支付地方政府的费用、税收等。

(8) 其他，如广告费等。

其中，工程费由以下三部分组成：

(1) 直接费。即直接构成分部分项工程的人工费、材料费和施工机械费。一般人工费约占40%，材料费约占50%，施工机械费约占10%。直接费还包括材料搬运和损耗附加费、机械搁置费、临时工程的安装和拆除以及一些不组成永久性构筑物的消耗性材料等附加费。

(2) 现场费。现场费主要包括：驻现场职员、交通、福利和现场办公室费用，保险费以及保函费用等，约占直接费的15%～25%。

(3) 管理费、风险费和利润。约占直接费的15%。

2. 工程量清单（工程量表）

工程量清单的主要作用是为参加竞标者提供一个平等的报价基础。工程量清单通常被认为是合同文本的一部分。传统上，合同条款、图纸及技术规范应与工作量清单同时由发包方提供，清单中的任何错误都允许在以后修改。因而在报价时承包商不必对工程量进行复核，这样可以减少投标的准备时间。

工程量清单中的计价方法一般分为两类：一类是按单价计价项目，如土石方开挖每立方米多少钱；另一类是按项包干计算，如工程保险费等。编写工程量清单时要把有关项目写全，最好将工程量清单采用的图纸号也在相应的条目说明的地方注明，以方便承包商报价。工程量清单一般由五部分构成：

(1) 开办费；

(2) 分部工程概要；

(3) 工程量部分；

(4) 暂定金额和主要成本；

(5) 汇总。

其中，开办费（或工程预留费）由以下几部分组成：

(1) 保证金；

(2) 承包商临时设施费；

(3) 施工现场水电费；

(4) 脚手架费；

(5) 工地保安措施及保卫人员费；

(6) 地盘测量费；

(7) 承包商职工交通费；

(8) 试验费；

(9) 图纸及文件纸张办公费；

(10) 施工中照相费；

(11) 施工机械设备费；

(12) 顾问公司驻现场工地办公室、试验室；

(13) 现场招牌费；

(14) 现场围护费。

以上项目不一定全部发生，视工程和现场情况在标书中确定。投标者按列出的项目分别报价，一次包死，以后不做调整。

三、英国的工程造价信息

在英国，建筑市场信息无论对业主还是对承包商都是必不可少的，它是工程估价和结算的重要依据，对建筑市场非常重要。在英国，有关建筑相关信息和统计的资料主要由贸工部（DTI）的建筑市场情报局和国家统计办公室共同负责收集整理并定期出版发行。这是由官方发布的信息，同时各咨询机构、业主和承包商也非常注重搜集整理相关信息和保留历史数据，尤其是承包商，收集和整理的工程造价信息作为其以后投标报价的依据，所以这些信息对承包商和工程造价专业人士至关重要。

四、工程造价控制模式

英国对政府投资项目采取集中管理的办法，政府投资的工程项目从确定投资和控制工程项目规模及计价的需要出发，由财政部门依据不同类别工程的建设标准和造价标准，并考虑通货膨胀对造价的影响等确定投资额，各部门在核定的建设规模和投资额范围内组织实施，不得突破。如遇非正常因素非突破不可，宁可在保证使用功能的前提下降低标准，也要将造价控制在额度范围内。在不违反国家的法律、法规的前提下，政府不干预私人投资的工程项目建设，投资者一般是委托中介组织进行投资估算。

政府投资的公共工程项目必须执行统一的设计标准和投资指标，工料测量师要协助建筑师核算和监控。由于英国政府没有统一的计价标准，价格是通过市场确定，投资者一般是委托中介组织利用已建类似工程的数据资料和近期的价格及相关指数，并进行必要的调整来确定投资估算，作为控制设计、招标和施工的造价限额。

工程造价咨询公司在英国称为工料测量师行，成立的条件必须符合政府或相关行业协会的规定。英国政府投资工程约占整个国家公共投资的50%左右，工程造价业务要求必须委托给造价咨询机构。因此，英国政府对工程造价咨询业管理力度很大，英国建设主管部门的工作重点是制定有关政策和法律，以全面规范工程造价咨询行为。

第四节　德国工程造价管理

一、德国的建设项目管理

德国把建设投资估算的严肃性、科学性和合理性作为首要问题。

在德国，任何一项建设工程，不论是政府的还是私人的投资项目，其项目管理不外乎是包括质量、进度、投资（成本）的控制，这是三位一体的有机结合，最终是达到优质的建筑产品。项目投资额（或是投资估算）的确定，必须要根据国家标准要求，慎重地计算所需要的费用，而且必须要有一定的预测与浮动，投资一定要估计充足，留有余地，这就是工程项目投资估算的确定。确定投资额一般由社会性工程咨询顾问公司的工程造价专业人员进行。

工程项目的管理贯穿于全过程的质量、进度和成本控制。以科学合理地确定工程造价为基础，实施动态管理与控制，只要工程项目投资额确定后（政府工程经政府审批，私人工程经业主批准），在实施过程中，必须严格地按照投资估算执行，不能随意修改和突破。德国工程投资控制是动态的，影响投资的因素有设计、市场供求价格和特殊情况等。关键在于建设前期的成本确定和控制。所以，在德国凡从事工程管理的部门（机构）必须从事和参与设计审定。一个部门或一个监理公司承接项目管理，在成本控制方面则是从投资估算、竣工结算、决算等是一条龙服务的。这样就避免了计划与建设的脱节和不配合，科学合理地确定了投资额，在实施计划的建设过程中，计划与建设融为一体，必须严格地控制不得超过已定的投资额。

这样，工程项目造价控制行业就在德国普遍存在，并且出现激烈的竞争，各家项目控制单位均在优化设计、采用新工艺、新材料、提高质量、缩短工期以及科学的管理和监控手段等方面，对项目的成本、质量、进度进行严格的控制并以控制的成功实例和业绩争取得到社会的公认和树立良好的声誉，赢得市场。反之，如果控制不好，出现成本加大，超出已定的投资额而又没有充足的理由，则项目控制单位要承担经济责任。

二、德国的工程预算

工程预算在工程实施中是工程费用支付、管理依据，是招标审查报价的尺度。工程费基本上如同国际上习惯采用的FIDIC（土木工程建设合同条件）的要求和做法一致，即由工程数量乘以单价，而工程数量和项目均在标书中全部列出，投标人则按综合单价和总价进行报价。当然，有一些现场管理的项目和措施性项目的费用等，就另行开列报价。工程费计算方式一般是：以过去承建工程的工程费为基础，从中抽出各工程项目的单价，加上地区差价和不同施工期的差价，然后确定每一个工程项目内新的各项单价，用其乘以数量即为工程合价，各项合价总和即为总造价，在造价里必须考虑风险、利润、税金等因素，这是由投标人各公司取决于自己的实力和竞争策略，但对招标人而言，风险和利润则不是主要的，只要标价在招标单位的预算（或称标底）范围内就可以了，当然标底应也考虑风险、承包者的正当利润及税金等因素。

由于竞争激烈，投标者如不是最低标价就难以中标，无法承接工程任务。所以，在编制投资报价时，就需要正确掌握材料价格、机械使用费、劳务价格及市场行情等，并要对市场的趋势作出预测，这就需要有一批既有专业知识，又有丰富工作经验的人员来承担此项工作，否则就是无法胜任计价，也无法参与市场竞争。德国的地方公共工程由于地方政府需确保其资金供应，故由地方政府负责计算，联邦政府在业务上加以指导以确保预算，并接受监督。工程造价基本上由专业人员计算，有时也委托给社会咨询服务公司承担，而这些咨询公司或其他计价部门（包括政府的），基本上都采用电脑计算；预算专业人员不需要特殊资格，只要有学历和经验即可，一般起码要取得工程师资格才能从事工作，虽然国家并没有作出此规定，但社会上已形成共识和习惯。

三、德国的协会学会

德国政府是通过协会、学会对建设工程技术进行管理的。同业公会和行业协会虽然是松散的民间组织，但它在保护行业的利润和推动政府决策方面，起着重要作用，保持与政府的密切联系，体现政府与行业之间的对话。同时，协会或学会又可发挥社会协调、职业道德互相监督的作用。在德国，没有设立像英国工料测量师（QS）和北美的造价工程师（CE）的专业制度，但从事工程造价工作的人员一般都归属于工程项目控制与管理人员之中。同时，在高等院校里均设有工程造价确定和控制相关的专业课程，培养大批管理人才投放到社会服务中。

在德国，从事工程计价的人员无论是在咨询公司工作，还是在工程承包企业工作，一般都必须是工程师，而且兼具多方专业知识。在有名的公司里，工程计价部门全部都是工程师、教授和取得学位的博士，而且均有多年实际经验的人员组成。所以，在德国，凡从事工程造价管理工作的必须先得到工程师资格，再参加协会组织的资格考试，合格后才能获得资格受聘于业主或受聘于承包商，也可在政府的工程部门服务。

第五节　日本工程造价管理

日本是实行市场经济的国家，市场经济机制在经济活动中发挥着重要的调节作用。与美国等其他西方国家不同的是，日本实行的是由政府导向型的市场经济体制，政府坚持通过行政计划对市场进行管理，形成一套有特色的经济管理模式。

一、日本建设业概况

日本建设业素有“永久成长产业”和“经济的播种人”之称，是战后发展最快的产业部门之一，在国民经济中占有重要地位。日本建设业的总产值占国民经济生产总值的8.6%。

日本对建设业的分类，通常有两种主要方法，即标准产业分类法和按建设法分类。标准产业分类法是将建筑企业划分为综合建筑公司、专业工程公司和设备工程公司等三大类，各大类还可以进一步细分。

（1）综合建筑公司是指对土木、建筑工程具有总承包能力的公司；

（2）专业工程公司是专门为建设工程提供技能并按工种（木工、瓦工等）划分的专业性公司，实际中作为分包商从事建设施工活动；

（3）设备工程公司则是指从事诸如电气、空调、给水排水、机械装置等与建设有关的设备安装工程的专业公司。

按建设法分类则是根据承包工程的内容、施工技术和惯例等对建筑企业进行专业分类，按照这种分类法，建设产业中的综合建设公司可以划分为土木建设公司和建筑公司两个类型，连同专业工程公司和设备工程公司加在一起，建设业共划分为28个业种。

日本建设业的企业已登记注册的有各类公司51万家。代表日本建设业主流并在日本建设业市场中占主导地位的是五家超级公司，按资本金拥有额度排序，依次为：大成公司、清水公司、鹿岛建设、大林组、竹中工务店。日本这几大超级建设公司在20世纪60年代末期和70年代中期，随着日本经济的成长而扩大了自己的规模，其技术水平和综合经营能力在同行业中处于优势地位，并将在今后相当长的一段时期内仍然保持这种优势。而那些中小企业特别是依附性较强的专业公司将作为超级公司、准大型公司或中坚综合建设公司的分包单位得以生存下去，不至于在激烈的市场竞争中破产。

二、政府投资工程造价管理机构的设置

日本对工程建设和建设业的管理及招标投标工作采取分工负责制。日本政府重视对政府投资项目的管理，从中央到地方，都设有一套工程项目管理机构。在中央，设国土交通省，全面负责政府机关办公建筑、国家公路、大型水利设施、国家公园和部分公私住宅工程的管理。

政府的工程造价管理部门的机构设置长期不变。国土交通省下设国土规划局、都市土地整备局、河川局、道路局、住宅局、铁道局、港湾局、航空局等机构。政府投资主要集中在土木工程，包括矿山、水利、道路、港口、环境卫生、国家机关、教育、文化、社会福利等项目。国土交通省大臣官房（办公厅）下设官厅营缮部，主要负责组织政府投资工程建设、运营和造价管理等具体工作。官厅营缮部在全国各地有派出机构营缮部计划科，协调与相关部门的建设事宜，负责政府投资项目的管理、监督和工程造价管理工作。国土交通省还设有国土技术政策综合研究所，属行政事业单位，专门研究土木工程估算体系、建设经济发展与改革、社会资本投资方向等。

国土交通省的职责主要包括：

（1）制定与建设业有关的方针、政策、措施和计划；

（2）起草有关法律及技术标准，进行调查、研究和统计；

（3）指导和培养建设业从业人员，促进建设业的合理化、现代化；

（4）对“住宅、都市整备公团”、“住宅金融公库”等由国土交通省管辖的特殊法人进行业务监督。

各地由地方政府的土地整备局或建筑都市部负责，由具有专业知识的国家公务员对政府投资工程项目的建设进行管理。仅大颐府的建筑都市部就有专业管理政府投资工程的公务员300多人。首相府所属的环境厅、国土厅也对建设活动行使部分指示、监督和管理职能；住宅产业和建材的生产则由通商产业省主管。

三、政府投资项目工程计价依据与计价方法

日本的工程积算，是一套独特的量价分离的计价模式，其量和价是分开的。日本的工程造价管理类似于我国的定额取费方式。

在日本，由国土交通省统一组织或经国土交通省统一委托编制并发布有关公共建筑工程计价依据。国土交通省负责编制计价依据的目的：一是为加强施工管理，促进建设业发展和科技进步；二是为科学合理规范建设市场定价行为。政府编制的计价依据：一方面为业主编制标底确定造价的期望值提供依据；另一方面也是承包方报价的参考标准。由于报价是否接近或低于标底是决定能够中标的关键因素，因此发包方编制标底、投标方报价，必须有一个可供双方共同参考的计价标准，采取上述做法可以减少不必要的重复劳动。

“积算”就是为工程目标的实施而计算工程的各部分，然后将其结果进行汇总，是对工程费用进行事先的预测。政府发布的《建筑工程积算基准》（类似于我国的概算定额）、《建筑工程标准定额（步挂）》（类似于我国的消耗量定额）、《建筑工程数量积算基准》（工程量计算规则）、《建筑工程共通费积算基准》等作为全国统一的工程造价计价依据，由地

方工程造价管理部门具体监督使用。工程造价的费用组成包括直接工程费、共通费、税金等。

1. 直接工程费

指建造工程标的物所需的直接的必要费用，包括直接临时设施费用，按工程种目进行积算。

(1) 工程数量的确定：计算直接工程费时所使用的数量，若是建筑工程，应依据《建筑工程数量积算基准》；若是电气设备工程及机械设备工程，应使用《建筑设备数量积算基准》。它们是日本政府部门、建设单位和建筑企业承发包工程计算工程量时共同遵循的统一规则。该基准相当于我国的全国统一建筑工程预算工程量计算规则。

该基准由国土交通省大臣官房（办公厅）官厅营缮部监修，每年都要对内部项目进行调查，根据需要调整和修改。该基准被政府投资工程和民间（私人）工程广泛采用。

材料价格的确定：材料价格主要按市场价。建设物价调查会发布的《建设物价》及建筑土木有关价格情报的信息是报价的主要参考依据，其中《建设物价》一个月发布一次。

劳务费和机械器具费的计算：劳务费依据《公共工程设计劳务单价》，机械器具费依据《承包工程机械经费积算要领》，以上标准均由国土交通省有关部门确定并发布。

(2)《建筑工程标准步褂》，主要包括完成土方、打桩、梁、柱、板、屋面以及装饰等工程所需的人工、材料消耗。如地面铺瓷砖，每平方米消耗 106 块瓷砖，3kg 水泥，0.004m^3 砂；消耗 0.22 工日瓷砖工，0.09 工日普通工。日本的《建筑工程标准步褂》，一般五年修订一次，每年大约修订 1/5，相当于我部批准发布的全国统一建筑工程基础定额。

2. 共通费

主要包括共通临时设施费用、为工程实施所必须的现场管理费和承包方为了继续运营所必须的一般管理费（包括利润）。依据《建筑工程共通费积算基准》。

《建筑工程共通费积算基准》主要包括两方面内容：一是规定了工程费的构成，包括直接工程费、共通临时设施费、现场管理费、一般管理费等，并规定了费用具体内容，如一般管理费含企业管理人员工资、福利保健费、办公用品费、差旅交通费、广告费、企业施工利润等；二是规定了上述各项费用的计算方法和具体费率标准。如土木工程规定一般管理费以直接工程费的 15%计取等。《建筑工程共通费积算基准》相当于我国目前各地区、各部门发布的费用定额。

3. 税金。

四、工程造价的信息管理

市场经济条件下，劳务、材料、机械价格经常在变动之中，对工程造价影响较为明显。如何及时、准确地收集到最新价格，是合理确定工程造价的关键因素之一。日本政府和民间投资工程的工程造价计价一般都参考由建设物价调查会发布的工程造价信息。政府每年对 50 种职业、15 万人的工资水平进行调查并发布劳务费信息。

日本建设物价调查会是全国工程造价信息的权威发布机构，日本建设物价调查会是民间机构属独立的财团法人。日本建设物价调查会定期发布建筑材料价格、人工价格、工事费、机械设备、工具价格、建设物价指数等信息。日本建设物价调查会在全日本设有若干调查机构，并具有一套较为科学的资料收集、分析和整理方法。对建设市场的材料价格、机械设备费作专门调查，其中将材料分为 A、B、C 三类，A 类每三个月调查一次；B 类每六个月调查一次；C 类每两年调查一次。每季度发布一次材料价格和工程造价价格信息。这一做法行之有效，为预算人员提供了及时可靠的价格信息。调查会公布的建设物价，同时对市场材料、物价供应价格也有指导作用。

五、日本有关工程造价（建筑积算）协会和专业人士

1. 建筑积算协会

日本建筑积算协会的宗旨是提高工程造价管理业务和专业人员的技术水平和社会地位，其工作内容主要有：

（1）推进工程造价管理水平的调查研究；

（2）进行与工程量计算标准、建筑成本等相关的调查研究；

（3）专业人员教育标准的确立、专业人员业务培训及资格认定；

（4）业务信息收集；

（5）进行与工程造价咨询事务所相关业务的调查研究；

（6）与国内外有关部门团体合作交流；

（7）其他。

2. 日本积算师

日本实行积算师资格认定制度，认定资格主要依据《建筑设计等关联业务知识及技术审查·证明事业认定规程》（建设省告示第 918 号，1994 年 3 月 23 日），资格认定实施工作由日本建筑积算协会负责。资格认定须参加考试，考试合格者可获得资格认定。目前，全国有建筑积算师资格者 2.7 万人，占从业人员的 30%。资格认定主要是体现预算人员技术水平。建筑积算师分布在工程建设各个领域，其中主要分布在设计单位、施工单位及工程造价咨询事务所等。

（1）积算师资格考试方法

资格考试分为两次，第一次为学科考试，第二次为实务考试。第一次考试合格者方可参加第二次考试。第一次考试内容为：建筑预算一般知识、工程量计算规则、工程造价相关知识等。第二次考试内容为：工程费计算、案例分析等。

（2）考试时间

每年 10 月举行第一次考试；次年 1 月举办第二次考试。

（3）考试资格

大学毕业从事工程造价工作 2 年以上；大专毕业从事工程造价工作 3 年以上；高中毕业从事工程造价工作 7 年以上者均可报名参加考试。

我国正处在计划经济向市场经济转变的进程中，工程造价管理水平有待进一步提高。发达国家在工程造价管理方面的经验和做法值得我们参考和借鉴。日本政府通过行政计划对市场进行调控管理的市场经济体制，从中央到地方都设有一套工程造价管理机构、由具有专业技术的政府公务员直接管理政府投资项目等的日本特色的工程造价管理模式，在经济活动中发挥着重要的作用，有效地降低了公共工程成本，提高了国家投资的效益。

从上述几个经济发达国家和地区的管理方式看，工程造价管理均处于有序的市场运行

环境，实行了系统化、规范化、标准化的管理，而在价格的确定和管理上以市场和社会认同为取向，在行业的管理归属上民间行业协会组织发挥着巨大作用。同时，政府的宏观调控，先进的计价依据、计价方法、发达的咨询业、多渠道的信息发布等做法，基本上代表了现行工程造价管理的国际惯例，完全适合 WTO 的基本原则。因此，可以简要概括得到国外有关工程造价管理体制的特点如下：一是行之有效的政府间接调控；二是有章可循的计价依据；三是多渠道的信息发布体系；四是量价分离的计算方法；五是发达的工程造价咨询业。

“他山之石，可以攻玉”，建设项目的造价控制与整个项目的管理模式，尤其是项目的工程造价管理模式息息相关。不同的工程造价管理模式需要不同的成本控制措施与其配合。现阶段我国的工程造价管理模式正处于快速发展和变革时期，在汲取了国外工程造价管理模式的先进思想与具体实践方法的经验后，我国的工程造价控制理念和技术正一步一步走向成熟并与国际先进水平接轨。

第三章　建设工程价款结算

第一节　建设工程价款结算方式和内容

一、工程价款结算的主要方式

根据《建设工程价款结算暂行办法》的规定，所谓建设工程价款结算，是指对建设工程的发承包合同价款进行约定和依据合同约定进行工程预付款、工程进度款、工程竣工价款结算的活动。

工程价款结算的主要方式有以下两点：

(1) 按月结算与支付：实行按月支付季度款，竣工后结清的办法。合同工期在两个年度以上的工程，在年终进行工程盘点，办理年度结算。

(2) 分段结算与支付：当年开工、当年不能竣工的工程按照工程形象进度，划分不同阶段支付工程进度款。具体划分在合同中明确。

除上述两种主要方式，双方还可以约定其他结算方式。

二、工程价款结算的主要内容

(1) 竣工结算：建设项目完工并经验收合格后，对所完成的建设项目进行全面的工程结算。

(2) 分阶段结算：按工程特征划分为不同阶段实施和结算。

(3) 专业分包结算：按工程专业特征分类实施分包和结算。

(4) 合同终止结算：该合同终止后已完成工程内容的造价和工程借款结算。

第二节　工程合同价款的约定

一、工程合同价款约定的要求

(1) 实行招标的工程合同价款应在中标通知书发出之日起 30d 内，由发、承包双方根据招标文件和中标人的投标文件在书面合同中约定。

(2) 不实行招标的工程合同价款，在发、承包双方认可的工程价款基础上，由发、承包双方在合同中约定。

(3) 实行招标的工程，合同约定不得违背招、投标文件中关于工期、造价、质量等方面的实质性内容。招标文件与投标文件不一致的地方，以投标文件为准。

(4) 采用工程量清单计价的工程宜采用单价合同。

二、工程合同价款约定的内容

发、承包双方应在合同条款中对下列事项进行约定，合同中没有约定或约定不明的，由双方协商确定，协商不能达成一致的，按清单计价规范执行。

（1）预付工程款的数额、支付时限及抵扣方式。

（2）工程进度款的支付方式、数额及时限。

（3）工程施工中发生变更时，工程价款的调整方法、索赔方式、时限要求及金额支付方式。

（4）发生工程价款纠纷的解决方法。

（5）约定承担风险的范围及幅度以及超出约定范围和幅度的调整办法。

（6）工程竣工价款的结算与支付方式、数额及时限。

（7）工程质量保证（保修）金的数额、预扣方式及时限。

（8）安全措施和意外伤害保险费用。

（9）工期及工期提前或延后的奖惩办法。

（10）与履行合同、支付价款相关的担保事项。

第三节　工程计量与价款支付

一、工程预付款及计算

工程预付款及计算的相关内容如表 3-1 所示。

工程预付款及计算　　表 3-1

工程预付款的概念	施工企业为该承包工程项目储备主要材料、结构件所需的流动资金，也称预付备料款
工程预付款的用途	仅用于承包人支付施工开始时与本工程有关的动员费用
支付时间	在具备施工条件的前提下，发包人应在双方签订合同后的一个月内或不迟于约定的开工日期前的 7d 内预付工程款
未按时支付的处理	发包人不按约定预付，承包人应在预付时间到期后 10d 内向发包人发出要求预付的通知，发包人收到通知后仍不按要求预付，承包人可在发出通知 14d 后停止施工，发包人应从约定应付之日起向承包人支付应付款的利息（利率按同期银行贷款利率计），并承担违约责任
支付条件	承包人向发包人提交金额与预付款金额相同的预付款保函； 凡是没有签订合同或不具备施工条件的工程，发包人不得预付工程款，不得以预付款为名转移资金
工程预付款的数额	包工包料工程的预付款按合同约定拨付，原则上预付比例不低于合同金额的 10%，不高于合同金额的 30%，对重大工程项目，按年度工程计划逐年预付。对于只包工不包料的工程项目，则可以不预付备料款
工程预付款的扣回	（1）可以从未施工工程尚需的主要材料及构件的价值相当于工程预付款数额时起扣，从每次结算工程款中，按材料比重扣抵工程价款，竣工前全部扣清。其基本表达公式是： 起扣点＝承包工程价款总额－工程预付款限额/主要材料及构件所占比重 （2）在承包人完成金额累计达到合同总价的 10%后，由承包人开始向发包人还款，发包人从每次应付给承包人的金额中扣回工程预付款，发包人至少在合同规定的完工期前三个月将工程预付款的总计金额按逐次分摊的办法扣回
颁发工程接收证书前，解除合同时的处理	尚未扣清的预付款余额应作为承包人的到期应付款

二、工程进度款的支付（中间结算）

1. 已完工程量的计量

工程量的正确计量是发包人向承包人支付工程进度款的前提和依据。计量和付款周期可采用分段或按月结算的方式，当采用分段结算方式时，应在合同中约定具体的工程分段划分，付款周期与计量周期一致。

（1）综合单价子目的计量：实行工程量清单计价的工程宜采用的合同形式——单价合同方式。即合同约定的工程价款中所包含的工程量清单项目的综合单价在约定条件及范围内是固定的，不予调整，工程量允许调整，工程量清单项目综合单价在约定的条件及范围外，允许调整。调整方式和方法应在招标文件中明确或在合同中约定。

工程计量时，若发现工程量清单中出现漏项、工程量计算偏差，以及工程变更引起工程量的增减，应在工程进度款支付即中间结算时调整，按承包人在履行合同义务过程中完成的实际工程量计算。

（2）总价包干子目的计量：对于实行清单计价的工程也可采用“总价合同”，对于总价合同来说，工程量清单中的工程量不具有合同约束力（量不可调），工程量以合同图纸的标识内容为准，此工程量以外的其他内容一般赋予合同约束力（可调），以方便合同变更的计量和计价。

计量周期按批准的支付分解报告确定。已完工程量计量方式应以总价为基础，不因物价波动引起的价格调整的因素而进行调整。承包人实际完成的工程量，是进行工程目标管理和控制进度支付的依据。承包人在合同约定的每个计量周期内，对已完成的工程进行计量，并提交专用条款约定的合同总价支付分解表所表示的阶段性或分项计量的支持性资料，以及所达到工程形象目标或分阶段需完成的工程量和有关计量资料。

其中总价包干子目的支付分解表的形成有以下三种方式：

1）工期较短的项目，将总价包干子目的价格按合同约定的计量周期平均。

2）合同价值不大的项目，按照总价包干子目的价格占签约合同价的百分比，以及各个支付周期内所完成的总价值，以固定百分比方式均摊支付。

3）根据有合同约束力的进度计划、预先确定的里程碑形象进度节点、组成总价子目的价格要素的性质，将组成总价包干子目的价格分解到各个形象进度节点，汇总形成支付分解表。实际支付时，由监理工程师检查核实其实际形象进度，达到支付分解表的要求后，即可支付经批准的每阶段总价包干子目的支付金额。

2. 已完工程量复核

当发、承包双方在合同中未对工程量的复核时间、程序、方法和要求作约定时，按以下规定办理：

（1）发包人应在接到报告后 7d 内按施工图纸（含设计变更）核对已完工程量，并应在计量前 24h 通知承包人。如承包人收到通知后不参加计量核对，则由发包人核实的计量应认为是对工程量的正确计量。如发包人未在规定的核对时间内通知承包人，致使承包人未能参加计量核对的，则由发包人所作的计量核实结果无效。如发、承包双方均同意计量结果，则双方应签字确认。

（2）如发包人未在规定的核对时间内进行计量核对，承包人提交的工程计量视为发包人已经认可。

(3) 对于承包人超出施工图纸范围或因承包人原因造成返工的工程量，发包人不予计量。

(4) 如承包人不同意发包人核实的计量结果，承包人应在收到上述结果后7d内向发包人提出，申明承包人认为不正确的详细情况。发包人收到后，应在2d内重新核对有关工程量的计量，或予以确认，或将其修改。

3. 承包人提交进度款支付申请

承包人应在每个付款周期末，向发包人提交进度付款申请，并附相应的证明文件。除合同另外约定外，进度付款申请还应包括下列内容：

(1) 本周期已完成工程的价款；

(2) 累积已完成的工程价款；

(3) 累计已支付的工程价款；

(4) 本周期已完成计日工金额；

(5) 应增加和扣减的变更金额；

(6) 应增加和扣减的索赔金额；

(7) 应抵扣的工程预付款；

(8) 应扣减的质量保证金；

(9) 根据合同应增加和扣减的其他金额；

(10) 本付款周期实际应支付的工程价款。

4. 进度款支付时间

(1) 支付时间及金额

发包人应按合同约定的时间核对和批准承包人的付款申请，并按合同约定的时间和比例向承包人支付工程进度款。

当发、承包双方在合同中未对工程进度款付款申请核对、批准时间以及工程进度款支付时间、支付比例作未约定时，按以下规定执行：

1) 发包人应在接到工程进度款付款申请及所附证明文件7d内核对、批准完毕。否则，从第8d起承包人提交的付款申请视为被批准。

2) 发包人应在批准工程进度款申请的14d内，向承包人按不低于计量工程价款的60%，不高于计量工程价款的90%向承包人支付工程进度款。

3) 发包人在支付工程进度款时，应按合同约定的时间、比例（或金额）扣回工程预付款。

(2) 未按时支付的处理

当发包人未按合同约定支付工程进度款时，可按以下规定办理：

1) 发包人未在合同约定时间内支付工程进度款，承包人应及时向发包人发出要求付款的通知，发包人收到承包人通知后仍不按要求付款，可与承包人协商签订延期协议，经承包人同意后延期支付。协议应明确延期支付的时间和从付款申请生效后按同期银行贷款利率计算应付款的利息。

2) 发包人不按合同约定支付工程进度款，双方又未达成延期付款协议，导致施工无法进行，承包人可停止施工，由发包人承担违约责任。

三、工程价款调整

1. 工程价款调整的方法

（1）因变更引起的价格调整

因分部分项工程量清单漏项或非承包人原因的工程变更，造成增加新的工程量清单项目，其对应的综合单价按下列方法确定：

1）合同中已有适用的综合单价，按合同中已有的综合单价确定；

2）合同中有类似的综合单价，参照类似的综合单价确定；

3）合同中没有适用或类似的综合单价，由承包人提出综合单价，经发包人确认后执行；

4）因分部分项工程量清单漏项或非承包人原因的工程变更，引起措施项目发生变化，造成施工组织设计或施工方案变更，原措施费中已有的措施项目，按原措施费的组价方法调整，原措施费中没有的施项目，由承包人根据措施项目变更情况，提出适当的措施费变更，经发包人确认后调整。

（2）综合单价的调整

在合同履行过程中，承包人实际完成的工程量与招标文件中工程量清单提供的工程量可能有偏差，该偏差对工程量清单项目的综合单价将产生影响，其影响的程度由偏差的幅度决定。

当工程量的偏差对清单项目综合单价产生影响时，是否调整综合单价以及调整条件、调整方法应在合同中约定。若合同未作约定，按以下原则办理：

1）当清单项目工程量的变化幅度在10%以内时，其综合单价不作调整，仍然执行原有综合单价。

2）当清单项目工程量的变化幅度在10%以上，且其影响分部分项工程费超过0.1%时，其综合单价以及对应的措施费（若有）均应作调整。调整的方法是由承包人对增加的工程量或减少后剩余的工程量提出新的综合单价和措施项目费，经发包人确认后调整

（3）物价波动引起的价格调整

1）采用价格指数调整价格差额

此方法适用于使用的材料品种较少，但每种材料使用量较大的土木工程，如公路、水坝等。因人工、材料和设备等价格波动影响合同价格时，根据投标函附录中的价格指数和权重表约定的数据，按以下价格调整公式计算差额并调整合同价格：

$$\Delta P = P_0(A + \Sigma B_i \times F_{ti} \div F_{0i} - 1)$$

式中 ΔP——需调整的价格差额；

P_0——已完工程量的金额；

A——定值权重（即不调的权重）；

B_i——各可调因子的变值权重（即可调部分的权重），为各可调因子在投标总报价中所占的比例；

F_{ti}——各可调因子的现行价格指数；

F_{0i}——各可调因子的基本价格指数，指基准日期（即投标截止时间前28天）的各可调因子的价格指数。

2）采用造价信息调整价格差额

此方法适用于使用的材料品种较多，相对而言每种材料使用量较少的房屋建筑与装饰工程。市场价格发生变化超过一定的幅度时，工程价款按约定调整的原则，如合同未约定或约定不明按以下原则办理：

① 施工期内，当人工单价发生变化时，按省级或行业工程造价管理机构发布的人工成本信息进行调整。

② 施工期内，当材料价格变化，超过省级或行业工程造价管理机构发布的幅度时应予调整，承包人采购材料前应将新的材料单价和采购数量报发包人审核，确认用于本合同工程时，发包人应审核确定需调整的材料单价及数量。发包人在收到承包人报送的确认资料后 3 个工作日不予答复的视为认可，作为调整工程价款依据。如果承包人未报经发包人审核即自行采购材料，再报发包人确定调整材料价格及其数量，并调整工程价款的，如发包人不同意，则不作调整。

③ 施工机械台班单价或机械使用费发生变化超过省级或行业工程造价管理机构发布的幅度范围时，按其规定调整。

（4）法律、政策变化引起的价格调整

招标工程以投标截止日前 28d，非招标工程以合同签订前 28d 为基准日，其后国家的法律、法规、规章和政策发生变化影响工程造价的，应按省级或行业建设主管部门或其授权的工程造价管理机构发布的规定调整合同价款。

2. 工程价款调整的程序

当工程价款调整因素确定后，发、承包双方应按合同约定的时间和程序提出并确认调整的工程价款。

当合同未对工程价款调整的提出和确认的时间以及程序进行约定或规定时，按下列规定办理：

（1）调整因素确定后 14d 内，由受益方向对方提出调整工程价款报告。受益方在 14d 内未提出调整工程价款报告的，视为不调整工程价款。

（2）收到调整工程价款报告一方应在收到之日起 14d 内予以确认或提出协商意见，自调整工程价款报告送达之日起 14d 内对方未确定也未提出协商意见时，视为调整工程价款报告已被确认。

四、工程竣工结算的编制及其审查

1. 工程竣工结算的概念及分类

工程竣工结算是指承包人按照合同规定的内容全部完成所承包的工程，经验收质量合格，并符合合同要求之后，向发包人进行的最终工程价款结算。竣工结算的分类如表 3-2 所示。

竣工结算的分类 **表 3-2**

竣工结算的分类	工程类别	编制人	审查人
单位工程竣工结算	一般工程	承包人	发包人
	实行总承包的工程	具体承包人	先总包人审查，后发包人

续表

竣工结算的分类	工程类别	编制人	审查人
单项工程竣工结算	一般工程	总（承）包人	发包人或具有相应资质的工程造价咨询机构
建设项目竣工总结算	政府投资项目		同级财政部门

2. 工程竣工结算的编制依据

（1）计价规范；

（2）合同约定的工程价款；

（3）工程竣工资料；

（4）双方确认的工程量；

（5）双方确认追加（减）的工程价款；

（6）双方确认的索赔、现场签证事项及价款；

（7）投标文件；

（8）招标文件；

（9）其他依据。

3. 工程竣工结算的编制内容

工程竣工结算由承包人或受其委托具有相应资质的工程造价咨询人编制，具体包括以下几项内容：

（1）分部分项工程费

分部分项工程费依据双方确认的工程量、合同约定的综合单价计算；如发生调整的，以发、承包双方确认调整的综合单价计算。

（2）措施项目费

办理竣工结算时，措施项目费的计价原则：

1）明确采用综合单价计价的措施项目，应依据发、承包双方确认的工程量和综合单价计算；

2）明确采用“项”计价的措施项目，应依据合同约定的措施项目和金额或发、承包双方确认调整后的措施项目费金额计算；

3）措施项目费中的安全文明施工费应按照国家或省级、行业建设主管部门的规定计算。施工过程中，国家或省级、行业建设主管部门对安全文明施工费进行了调整的，措施项目费中的安全文明施工费应作相应调整。

（3）其他项目费

其他项目费的竣工结算办理要求：

1）计日工的费用应按发包人实际签证确认的数量和合同约定的相应项目综合单价计算；

2）当暂估价中的材料是招标采购的，其材料单价按中标价在综合单价中调整；当暂估价中的材料为非招标采购的，其单价按发、承包双方最终确认的单价在综合单价中调整；当暂估价中的专业工程是招标分包的，其金额按中标价计算，当暂估价中的专业工程为非招标分包的，其金额按发、承包双方最终结算确认的金额计算；

3）总承包服务费应依据合同约定的金额计算，当发、承包双方依据合同约定对总承包服务费进行调整时，应按调整后确定的金额计算；

4）索赔事件发生产生的费用办理竣工结算时应在其他项目费中反映，索赔费用的金额应依据发、承包双方确认的索赔事项和金额计算；

5）发包人现场签证的费用在办理竣工结算时应在其他项目费中反映，现场签证费用金额依据发、承包双方签证确认的金额计算；

6）合同价款中的暂列金额在用于各项价款调整、索赔与现场签证后，若有余额，则余额归发包人，如出现差额，则由发包人补足并反映在相应的价款中。

（4）规费和税金

规费和税金的计取原则：

1）规费和税金按国家或省级、行业建设主管部门的规定计算；

2）施工过程中若出现招标文件的工程量清单中没有的规费项目时，竣工结算中应依据省级政府或省级有关权力部门的规定计算；

3）当施工过程中国家以及省级建设行政主管部门对规费和税金计取标准进行调整时，规费和税金应做相应调整。

4. 工程竣工结算支付流程

（1）承包人递交竣工结算书

承包人应在合同规定时间内编制完成竣工结算书，并在提交竣工验收报告的同时提交给发包人。承包人如未在规定时间内提供完整的工程竣工结算资料，经发包人催促后 14d 内仍未提供或没有明确答复，发包人有权根据已有资料进行审查，责任由承包人自负。

（2）发包人进行核对

工程竣工结算审查期限单项工程竣工后，承包人应在提交竣工验收报告的同时，向发包人递交竣工结算报告及完整的结算资料，发包人应按以下规定时限进行核对（审查）并提出审查意见。

工程竣工结算报告金额	审查时间
1）500 万元以下	从接到竣工结算报告和完整的竣工结算资料之日起 20d
2）500 万～2000 万元	从接到竣工结算报告和完整的竣工结算资料之日起 30d；
3）2000 万～5000 万元	从接到竣工结算报告和完整的竣工结算资料之日起 45d；
4）5000 万元以上	从接到竣工结算报告和完整的竣工结算资料之日起 60d。

建设项目竣工总结算在最后一个单项工程竣工结算审查确认后 15d 内汇总，送发包人后 30d 内审查完成。

（3）工程竣工结算价款的支付

根据确认的竣工结算报告，承包人向发包人申请支付工程竣工结算款。发包人应在收到申请后 15d 内支付结算款，到期没有支付的应承担违约责任。承包人可以催告发包人支付结算价款，如达成延期支付协议，承包人应按同期银行贷款利率支付拖欠工程价款的利息。如未达成延期支付协议，承包人可以与发包人协商将该工程折价，或申请人民法院将该工程依法拍卖，承包人就该工程折价或者拍卖的价款优先受偿。

5. 工程竣工结算争议处理

（1）已竣工验收或已竣工未验收但实际投入使用的工程，其质量争议按该工程保修合同执行；

(2) 已竣工未验收且未实际投入使用的工程以及停工、停建工程的质量争议，应当就有争议部分的竣工结算暂缓办理，双方可就有争议的工程委托有资质的检测鉴定机构进行检测，根据检测结果确定解决方案，或按工程质量监督机构的处理决定执行，其余部分的竣工结算依照约定办理。

第四节 案例分析

【案例一】

某施工单位承包了一外资工程，报价中现场管理费率为10%，企业管理费率为8%，利润率为5%；A、B两分项工程的综合单价分别为80元/m^3和460元/m^3。

该工程施工合同规定：合同工期1年，预付款为合同价的10%，开工前1个月支付，基础工程（工期为3个月）款结清时扣回30%，以后每月扣回10%，扣完为止；每月工程款于下月5日前提交结算报告，经工程师审核后于第3个月末支付；若累计实际工程量比计划工程量增加超过15%，支付时不计企业管理费和利润；若累计实际工程量比计划工程量减少超过15%，单价调整系数为1.176。

施工单位各月的计划工作量如表3-3所示。

施工单位各月的计划工作量　　表3-3

月份	1	2	3	4	5	6	7	8	9	10	11	12
工作量（万元）	90	90	90	70	70	70	70	70	130	130	60	60

A、B两分项工程均按计划工期完成，相应的每月计划工程量和实际工程量如表3-4所示。

每月计划工程量和实际工程量　　表3-4

月份		1	2	3	4
A分项工程工程量（m^2）	计划	1100	1200	1300	1400
	实际	1100	1200	900	800
B分项工程工程量（m^3）	计划	500	500	500	
	实际	550	600	650	

问题：

1. 该施工单位报价中的综合费率为多少？
2. 该工程的预付款为多少？
3. A分项工程每月结算工程款各为多少？
4. B分项工程的单价调整系数为多少？每月结算工程款各为多少？

解答：

1. 该施工单位报价中的综合费率为：

$$1.10\times1.08\times1.05-1=0.2474=24.74\%$$

[或：现场管理费率 $1\times10\%=10\%$

企业管理费率$(1+10\%)\times8\%=8.8\%$

利润率$(1+10\%+8.8\%)\times5\%=5.94\%$

合计 10%+8.8%+5.94%=24.74%]；

2. 该工程的预付款为：(90×3+70×5+130×2+60×2)万元×10%=100 万元

3. A 分项工程每月结算工程款为：

第 1 个月：1100m^2× 80 元/m^2=88000 元

第 2 个月：1200m^2×80 元/m^2=96000 元

第 3 个月：900m^2× 80 元/m^2=72000 元

第 4 个月：由于

[(1100+1200+1300+1400)-(1100+1200+900+800)]/[1100+1200+1300+1400]=20%>15%

所以，应调整单价，则

(1100+1200+900+800)m^2×80 元/m^2×1.176-(88000+96000+72000)元=120320 元

[或：800×80+4000×(1.176-1)×80=120320 元]

4. B 分项工程的单价调整系数为：1/[1.08×1.05]=0.882

B 分项工程每月结算工程款为：

第 1 个月：550m^3×460 元/m^3=253000 元

第 2 个月：600m^3×460 元/m^3=276000 元

第 3 个月：由于(550+600+650)-500×3×100/500×3=20%>15%

所以，按原价结算的工程量为[1500×1.15-(550+600)]m^3=575m^3

按调整单价结算的工程量为(650—575)m^3=75m^3

[或：按调整单价结算的工程量为：

[(550+600+650)—1500×1.15]m^3=75m^3，

按原价结算的工程量为(650-75)m^3=575m^3]

则 575m^3×460 元/m^3+75m^3×460 元/m^3×0.882=294929 元

【案例二】

某工程项目业主采用《建设工程工程量清单计价规范》规定的计价方法，通过公开招标，确定了中标人。招投标文件中有关资料如下：

(1) 分部分项工程量清单中含有甲、乙两个分项，工程量分别为 4500m^3 和 3200m^3. 清单报价中甲项综合单价为 1240 元/m^3，乙项综合单价为 985 元/m^3。

(2) 措施项目清单中环境保护、文明施工、安全施工、临时设施等四项费用以分部分项工程量清单计价合计为基数，费率为 3.8%。

(3) 其他项目清单中包含零星工作费一项，暂定费用为 3 万元。

(4) 规费以分部分项工程量清单计价合计、措施项目清单计价合计和其他项目清单计价合计之和为基数，规费费率为 4%。税金率为 3.41%。

在中标通知书发出以后，招投标双方按规定及时签订了合同，有关条款如下：

(1) 施工工期自 2006 年 3 月 1 日开始，工期 4 个月。

(2) 材料预付款按分部分项工程量清单计价合计的 20%计，于开工前 7d 支付，在最后两个月平均扣回。

(3) 措施费（含规费和税金）在开工前7d支付50%，其余部分在各月工程款支付时平均支付。

(4) 零星工作费于最后一个月按实结算。

(5) 当某一分项工程实际工程量比清单工程量增加10%以上时，超出部分的工程量单价调价系数为0.9；当实际工程量比清单工程量减少10%以上时，全部工程量的单价调价系数为1.08。

(6) 质量保证金从承包商每月的工程款中按5%比例扣留。

承包商各月实际完成（经业主确认）的工程量如表3-5所示。

各月实际完成工程量表（m^3）　　**表3-5**

分项工程/月份	3	4	5	6
甲	900	1200	1100	850
乙	700	1000	1100	1000

施工过程中发生了以下事件：

(1) 5月份由于不可抗力影响，现场材料（乙方供应）损失1万元；施工机械被损坏，损失1.5万元。

(2) 实际发生零星工作费用3.5万元。

问题：

1. 计算材料预付款。
2. 计算措施项目清单计价合计和预付措施费金额。
3. 列式计算5月份应支付承包商的工程款。
4. 列式计算6月份承包商实际完成工程的工程款。
5. 承包商在6月份结算前致函发包方，指出施工期间水泥、砂石价格持续上涨，要求调整。经双方协商同意，按调值公式法调整结算价。假定3、4、5三个月承包商应得工程款（含索赔费用）为750万元；固定要素为0.3，水泥、砂石占可调值部分的比重为10%，调整系数为1.15，其余不变。则6月份工程结算价为多少？

解答：

1. 分部分项清单项目合价：4500×0.124+3200×0.0985=873.20万元；

材料预付款：873.20×20%=174.64万元。

2. 措施项目清单合价：873.2×3.8%=33.18万元。

预付措施费：33.18×50%×（1+4%）×（1+3.41%）=17.84万元。

3. 5月份应付工程款：

(1100×0.124+1100×0.0985+33.18×50%÷4+1.0)（1+4%）（1+3.41%）×（1−5%）−174.64÷2=249.90×1.04×1.0341×0.95−87.32=168.00万元

4. 6月份承包商完成工程的工程款：

甲分项工程（4050−4500）/4500=−10%，故结算价不需要调整。

则甲分项工程6月份清单合价：850×0.124=105.40万元

乙分项工程（3800−3200）/3200=18.75%，故结算价需调整。

调价部分清单合价：(3800−3200×1.1）×0.0985×0.9=280×0.08865=24.82万元

不调价部分清单合价：（1000－280）×0.0985＝70.92 万元

则乙分项工程 6 月份清单合价：24.82＋70.92＝95.74 万元

6 月份承包商完成工程的工程款：

（105.4＋95.74＋33.18×50%×1/4＋3.5）×1.04×1.0341＝224.55 万元

5. 原合同总价：

（873.2＋33.18＋3.0）×1.04×1.0341＝978.01 万元

调值公式动态结算：

（750＋224.55）×（0.3＋0.7×10%×1.15＋0.7×90%×1.0）＝974.55×1.0105＝984.78 万元

6 月份工程结算价：

（224.55＋984.78－978.01）×0.95－174.64×0.5＝231.32×0.95－87.32＝132.43 万元

【案例三】

某建安工程施工合同总价 6000 万元，合同工期为 6 个月，合同签订日期为 1 月初，从当年 2 月份开始施工。

1. 合同规定：

（1）预付款按合同价的 20%，累计支付工程进度款达施工合同总价 40%后的下月起至竣工各月平均扣回。

（2）从每次工程款中扣留 10%作为预扣质量保证金，竣工结算时将其一半退还给承包商。

（3）工期每提前 1d，奖励 1 万元，推迟 1d，罚款 2 万元。

（4）合同规定，当人工或材料价格比签订合同时上涨 5%及以上时，按如下公式调整合同价格：

$$P = P_0 \times (0.15A/A_0 + 0.6B/B_0 + 0.25)$$

其中 0.15 为人工费在合同总价中比重，0.60 为材料费在合同总价中比重。

人工或材料上涨幅度＜5%者，不予调整，其他情况均不予调整。

（5）合同中规定：非承包商责任的人工窝工补偿费为 800 元/d，机械闲置补偿费为 600 元/d。

2. 工程如期开工，该工程每月实际完成合同产值及施工期间实际造价指数如表 3-6 和表 3-7 所示。

每月实际完成合同产值（万元）　　表 3-6

月　份	2	3	4	5	6	7
完成合同产值	1000	1200	1200	1200	800	600

各月价格指数　　表 3-7

月 份	1	2	3	4	5	6	7
人 工	110	110	110	115	115	120	110
材 料	130	135	135	135	140	130	130

3. 施工过程中，某一关键工作面上由于以下几种原因造成了临时停工：

(1) 5月10日至5月16日承包商的施工设备出现了从未出现过的故障；

(2) 应于5月17日交给承包商的后续图纸直到6月1日才交给承包商；

(3) 6月1日至6月3日施工现场下了该季节罕见的特大暴雨，造成了6月4日至6月5日的该地区的供电全面中断。

(4) 为了赶工期，施工单位采取赶工措施，赶工措施费5万元。

4. 实际工期比合同工期提前10d完成。

问题：

1. 该工程预付款为多少？预付款起扣点是多少？

2. 施工单位可索赔工期多少？可索赔费用多少？

3. 每月实际应支付工程款为多少？

4. 工期提前奖为多少？竣工结算时尚应支付承包商多少万元？

解答：

1. 该工程预付款为6000×20％＝1200万元，起扣点为6000×40％＝2400万元。

2. (1) 5月10日至5月16日出现的设备故障，属于承包商应承担的风险，不能索赔；

(2) 5月17日至5月31日是由于业主迟交图纸引起的，为业主应承担的风险，工期索赔15d，费用索赔额＝15×800＋600×15＝2.1万元；

(3) 6月1日至6月3日的特大暴雨属于双方共同风险，工期索赔3d，但不应考虑费用索赔。

(4) 6月4日至6月5日的停电属于有经验的承包商无法预见的自然条件，为业主应承担风险，工期可索赔2d，费用索赔额＝（800＋600）×2＝0.28万元。

(5) 赶工措施费不能索赔。

综上所述，可索赔工期20d，可索赔费用2.38万元。

3. 每月实际应支付工程款计算如下：

2月份：完成合同价1000万元，预扣质量保证金：1000×10％＝100万元；

支付工程款：1000万元×90％＝900万元；

累计支付工程款900万元，累计预扣质量保证金100万元。

3月份：完成合同价1200万元，预扣质量保证金：1200×10％＝120万元；

支付工程款：1200万元×90％＝1080万元；

累计支付工程款：900＋1080＝1980万元，累计预扣质量保证金：100＋120＝220万元。

4月份：完成合同价1200万元，预扣质量保证金：1200×10％＝120万元；

支付工程款：1200×90％＝1080万元；

累计支付工程款：1980＋1080＝3060万元＞2400万元；

下月开始每月扣1200/3＝400万元预付款；

累计预扣质量保证金220＋120＝340万元。

5月份：完成合同价1200万元；

材料价格上涨：（140－130）/130× 100％＝7.69％＞5％，应调整价款；

调整后价款：1200×（0.15＋0.16×140/130 ＋0.25）＝1255万元；

索赔款 2.1 万元，预扣质量保证金（1255＋2.1）×10％＝125.71 万元；

支付工程款：（1255＋2.1）×90％ －400＝731.39 万元；

累计支付工程款：3060＋731.39＝3791.39 万元；

累计预扣质量保证金：340＋125.71＝465.71 万元。

6 月份：完成合同价 800 万元；

人工价格上涨：（120－110）/110×100％＝9.09％＞5％，应调整价款；

调整后价款：800×（0.15×120/110＋0.6＋ 0.25）＝810.91 万元；

索赔款 0.28 万元，预扣质量保证金：（810.91＋0.28）×10％＝81.119 万元；

支付工程款：（810.91＋0.28）×90％ －400＝690.071 万元；

累计支付工程款：3791.39＋690.071＝4481.461 万元；

累计预扣质量保证金：465.71＋81.119＝546.829 万元。

7 月份：完成合同价 600 万元；

预扣质量保证金：600×10％＝60 万元；

支付工程款：600×90％ －400＝140 万元；

累计支付工程款：4481.461＋140＝4621.461 万元；

累计预扣质量保证金：546.829＋60＝606.829 万元。

4. 工期提前奖：（10＋20）×10000＝30 万元；

退还预扣质量保证金：606.829÷2＝303.415 万元；

竣工结算时尚应支付承包商：30＋303.415＝333.415 万元。

下　篇

建设工程合同管理

第四章　合同管理的基本要求

第一节　合同管理的基础内容

一、建设工程项目合同的内涵及特点

1. 建设工程项目合同的内涵

建设工程项目合同是指工程建设项目组织（如业主或投资方等）与项目供应商为完成指定工程建设项目的目标或内容而达成的明确相互权利和义务关系的具有法律效力的文件。项目合同的签订应满足如下条件：

（1）建设工程项目合同必须建立在一个双方都可以接受的提议基础上；

（2）要有一个统一的计算和支付价款或酬金的方式；

（3）要有一个合同规章作为合同双方进行工作的依据，这样他们既可以受到合同的约束也可以享受合同的保护；

（4）合同的标的物必须合法；

（5）合同要反映双方的权利和义务，合同类型须依据法律来确定。

我国的《合同法》中规定了15种列名的合同，建设工程合同是其中的一种。建设工程合同又称工程项目合同，是承包人进行工程建设，发包人支付相应价款的承包合同。本质上讲它是一类特殊的加工承揽合同，但是由于建设工程一般具有投资大、回收期长、风险大等特点，在合同的履行及管理中有较大的特殊性，涉及的法律问题比一般的加工承揽合同要复杂得多。因此《合同法》将建设工程合同从加工承揽合同中分离出来，单独进行规定。

建设工程项目一般要经过勘察、设计、施工、交付、保修等过程。因此，建设工程项目合同通常包括项目勘察合同、设计合同、施工合同、保修合同等。

2. 建设工程项目合同的特点

（1）工程项目合同是一个合同群体。因为工程项目投资多、工期长、参与单位多，一般由多项合同组成一个合同群体，这些合同之间分工明确、层次清楚，自然形成一个合同体系。

（2）合同的标的物仅限于工程项目涉及的内容。与一般的产品合同不同，工程项目合同涉及面主要是建筑物、构筑物的建设，线路、管网的建设，土木工程的建设以及设备、材料购置安装等的管理，而且都是一次性过程。

（3）合同内容庞杂。与产品合同相比，工程项目合同庞大复杂。大型项目要涉及几十种专业、上百个工种、几万人作业，合同内容自然庞大复杂。

（4）工程项目合同主体只能是法人。《合同法》、《建筑法》等法律和行政法规都规定

了工程项目合同的当事人只能是法人，公民个人不能成为工程项目合同的当事人。

（5）工程项目具有较强的国家管理性。工程项目标的物属于不动产，工程项目对国家、社会和人民生活影响较大，在工程项目的合同订立上必须符合政府的规定，在履行中必须接受政府的监督和检查。正因为如此，工程项目的合同形式一般都采用书面形式。

二、建设工程项目合同管理的基本原则

1. 符合法律法规的原则

订立合同的主体、内容、形式、程序等都要符合法律法规规定。合同当事人订立、履行合同，唯有遵守法律和行政法规，合同才受国家法律的保护，当事人预期的目的才有保障。

2. 平等自愿的原则

自愿是指合同当事人在法律、法规允许范围内，根据自己的意愿签订合同，即有权选择订立合同的对象，合同的条款内容，合同订立时间和依法变更和解除合同，任何单位和个人不得非法干预。贯彻平等自愿的原则，必须体现签约各方在法律地位上的完全平等。合同要在双方友好协商的基础上订立，签约双方都是平等的，任何一方都不得把自己的意志（例如单方提出的不平等条款）强加于另一方，更不得强迫对方同自己签订合同。

3. 公平的原则

公平原则是民法的基本原则之一。合同当事人应当遵循公平原则确定各方的权利和义务。根据公平原则，民事主体必须按照公平的观念设立、变更或者取消民事法律关系。在订立工程项目合同中贯彻公平原则，反映了商品交换等价有偿的客观规律和要求。贯彻该原则的最基本要求即是签约各方的合同权利、义务要对等，而不能失去公平，要合理分担责任。

4. 诚实信用的原则

合同当事人行使权利、履行义务应当遵循诚实信用原则。诚实信用原则实质上是社会良好道德、伦理观念上升为国家意志的体现。在订立合同中贯彻诚实信用原则，要求当事人应当诚实，实事求是向对方介绍自己订立合同的条件、要求和履约能力，充分表达自己的真实意愿，不得有隐瞒、欺诈的成分，在拟定合同条款时，要充分考虑对方的合法权益和实际困难，以善意的方式设定合同权利和义务。

5. 等价有偿的原则

等价有偿原则是《民法通则》的一项原则，也是订立合同的一项基本原则。

6. 不得损害社会公共利益和扰乱社会经济秩序原则

合同当事人订立、履行合同，应当尊重社会公德，不得扰乱社会经济秩序，损害社会公共利益。

三、建设工程项目合同管理的法律依据

规范工程项目合同管理，不但需要规范合同本身的法律法规的完善，也需要相关法律体系的完善。目前，我国这方面的立法体系已基本完善，与工程项目合同有直接关系的是《中华人民共和国民法通则》（以下简称《民法通则》）、《中华人民共和国合同法》、《中华人民共和国招标投标法》（以下简称《招标投标法》）和《中华人民共和国建筑法》（以下

简称《建筑法》)。

1.《民法通则》

《民法通则》是调整平等主体的公民之间、法人之间、公民与法人之间的财产关系和人身关系的基本法律。合同关系也是一种财产（债）关系。因此，《民法通则》对规范合同关系做出了原则性的规定。

2.《合同法》

《合同法》是规范我国市场经济财产流转关系的基本法，工程项目合同的订立和履行也要遵守其基本规定，工程项目实施过程中，会涉及大量的合同，均需遵守《合同法》的规定。

3.《招标投标法》

《招标投标法》是规范工程建设市场竞争的主要法律，也是规范合同管理行为的法律，能够有效地实现公开、公平、公正的竞争。国家对工程项目招标的范围和规模有明确的规定，必须通过招标投标确定承包人，发包人和承包人的合同行为也必须遵守《招标投标法》的规定。

4.《建筑法》

《建筑法》是规范建筑活动的基本法律，工程项目合同的订立和履行就是一种建筑活动，合同的内容也必须遵守《建筑法》的规定。

5. 其他法律

另外，工程项目合同的订立和履行还涉及其他一些法律关系，需要遵守相应的法律规定。在工程项目合同的订立和履行中需要提供担保的，则应当遵守《中华人民共和国担保法》的规定。在工程项目合同的订立和履行中需要投保的，则应当遵守《中华人民共和国保险法》的规定。在工程项目合同的订立和履行中需要建立劳动关系的，则应当遵守《中华人民共和国劳动法》的规定。在合同的订立和履行过程中如果要涉及合同的公证、鉴证等活动，则应当遵守国家对公证、鉴证等的规定。如果合同在履行过程中发生了争议，双方订有仲裁协议（或者争议发生后双方达成仲裁协议的)，则应按照《中华人民共和国仲裁法》的规定进行仲裁；如果双方没有仲裁协议（争议发生后双方也没有达成仲裁协议的)，则应按照《中华人民共和国民事诉讼法》作为争议的最终解决方式。

第二节　建设工程项目合同的主要类型和适用范围

建设工程项目合同按项目的规模、复杂程度、项目承包方式及范围的不同可分为不同的类型。

一、按签约各方的关系分类

1. 项目总承包合同

业主方与施工承包人之间签订的合同，其范围包括对应项目的全部工程内容。

2. 项目分包合同

总承包可将中标项目的一部分内容包给分包商，由此而在总承包商与分承包商之间签订的合同。一般不允许将项目的全部内容分包出去，对于允许分包的内容，在合同条件中应有规定，在签订分包合同后，总承包商仍应履行与业主签订的合同中所规定的全部责任和义务。

3. 转包合同

在承包商之间签订，是一种承包权的转让。在合同中明确原承包商与业主签订的合同所规定的权利、义务和风险由另一承包商来承担。而原承包商则在转包合同中获取一定的报酬，未经业主方事先批准并在政府主管部门办理相应的变更手续，转包合同往往不具备合法性。

4. 借贷合同

业主或发包人与银行、金融机构等进行的资金借贷运行的合同。

5. 营运合同

业主或发包人与营运商之间签订的合同。内容包括项目交工后对项目营运活动的要求。

6. 劳务分包合同

可分为包工不包料合同或包清工合同。分包商在合同实施过程中不承担材料涨价的风险。

7. 劳务合同

施工承包人或分承包人雇佣劳务所签订的合同。提供劳务一方不承担任何风险，但也难获得较大的利润。

8. 联合承包合同

两个或两个以上合作单位之间，以承包人的名义，为共同承包工程建设项目而签订的合同，一般称为联合体协议。

9. 买卖合同

各个项目组织为从组织外部获得产品或服务而与供应商签订的合同。

二、按计价方式分类

1. 固定总价合同

采用这类合同的工程，其总价是以施工图纸和工程说明书为计算依据，在招标时将造价一次包死。在合同执行过程中，不能因为工程量、设备、材料价格、工资等变动而调整合同总价。但人力不可抗拒的各种自然灾害、国家统一调整价格、设计有重大修改等情况除外。

2. 计量合同

计量合同又称为单价合同，分为两种形式：

(1) 工程量清单合同。这种合同通常由建设单位委托设计、咨询单位计算出工程量清单，分别列出分部分项工程量。承包商在投标时填报单价，并计算出总造价。工程施工过程中，各分部分项的实际工程量应按实际完成量计算，并按投标时承包商所填报的单价计算实际工程总造价。这种合同的特点是在整个施工过程中单价不变，工程承包金额将有变化。

(2) 单价一览表合同。这种合同包括一个单价一览表，发包单位只在表中列出各分部分项工程，但不列出工程量。承包单位投标时只填各分部分项工程的单价。工程施工过程中按实际完成的工程量和原填单价计价。

3. 成本加酬金合同

这类合同中的合同总价由两部分组成：一部分是工程直接成本，工程直接成本是按工程施工过程中实际发生的直接成本，实报实销；另一部分是事先商定好的一笔支付给承包商的酬金。

三、按合同性质分类

1. 委托合同

主要包括项目管理委托合同、监理委托合同、招标代理委托合同、造价审计委托合同、物业管理委托合同等。

2. 承包合同

主要包括：

（1）勘察承包合同。

（2）设计承包合同。从管理模式的角度划分，可分为设计总承包合同、设计分包合同；从设计内容的角度划分可分为建筑设计合同、精装修设计合同、市政工程设计合同、园林设计合同等。

（3）施工承包合同。施工承包合同是工程建设过程中签署数量最多、条款比较复杂的合同类型，从管理模式角度可分为施工总承包合同，施工分包合同；从施工内容角度可分为土木工程施工合同（如结构施工合同、装修合同、幕墙合同等）、机电工程施工合同（如消防合同、弱电合同、变配电合同等）、市政施工合同等。

3. 建筑材料、设备买卖合同

可分为建筑材料买卖合同和建筑设备、仪器仪表买卖合同。

4. 各种咨询合同、技术服务合同

如交通影响评价咨询合同、环境影响评价咨询合同、建筑技术咨询合同、建筑技术服务合同等。

5. 建设工程项目建设过程中需要签订的其他合同

如土地使用权出让/转让合同、拆迁施工合同、拆迁补偿合同、协调配合合同、检测合同等。

四、按建设程序中不同阶段划分

1. 工程项目前期咨询合同

工程项目前期咨询合同是在投资建设的决策阶段，进行可行性研究与项目评价等咨询活动所签订的合同。工程项目前期咨询合同涉及投资决策的正确与否，涉及工程项目的成败。因此，加强工程项目前期咨询阶段的合同管理，就显得非常重要。

2. 勘察、设计合同

建设工程勘察设计合同是发包人与承包人为完成一定的勘察、设计任务，明确双方权利义务关系的协议。承包人应当完成发包人委托的勘察、设计任务，发包人则应接受符合约定要求的勘察、设计成果并支付报酬。一般情况下，建设工程勘察合同与设计合同是两个合同。但是，这两个合同的特点和管理内容相似，因此，往往将这两个合同统称为建设工程勘察设计合同。

3. 工程监理合同

工程监理合同是指委托人与监理人就委托的工程项目管理内容签订的明确双方权利、义务的协议。监理合同是委托合同的一种。在工程建设过程中，工程项目发包人（委托人）和监理人（受托人）应按相关法律、行政法规的规定，签订建设工程委托监理合同。工程委托监理的法律关系是指建设单位、监理单位以及第三人之间，依据国家法律、行政法规的规定和约定，相互之间形成的权利、义务和责任的法律关系。

4. 工程施工合同

施工合同即建筑安装工程承包合同，是发包人和承包人为完成商定的建筑安装工程，明确相互权利、义务关系的合同。依照施工合同，承包人应完成一定的建设、安装工程任务，发包人应提供必要的施工条件并支付工程价款。施工合同是工程建设质量控制、进度控制、投资控制的主要依据。在市场经济条件下，建设市场主体之间相互的权利义务关系主要是通过合同确立的，因此，在建设领域加强对施工合同的管理具有十分重要的意义。

5. 货物采购合同

货物采购合同是指工程建设中涉及的重要设备材料的采购合同。货物采购包括材料采购和设备采购两部分，采购合同涉及的条款繁简程度差异较大。材料采购合同的条款一般限于材料交货阶段，主要涉及交接程序、检验方式和质量要求、合同价款的支付等。大型设备的采购，除了交货阶段的工作外，往往还需包括设备生产阶段、设备安装调试阶段、设备试运行阶段、设备性能达标检验和保修等方面的条款约定。

第三节　国内工程类合同示范文本

一、合同示范文本的体系

由住房和城乡建设部与国家工商行政管理总局联合批准颁发的工程项目合同示范文本在我国陆续出台，初步形成了工程项目合同示范文本体系，满足了工程建设领域对合同示范文本的需求。主要包括：1999 年颁发的《建设工程施工合同（示范文本）》，2000 年颁发的《建设工程勘察合同（示范文本）》、《建设工程设计合同（示范文本）》、《建设工程委托监理合同（示范文本）》，2002 年颁发的《建设工程造价合同（示范文本）》，2003 年颁发的《建设工程施工专业分包合同（示范文本）》和《建设工程施工劳务分包合同（示范文本）》，2005 年颁发的《工程建设项目招标代理合同（示范文本）》，2008 年颁发的《北京市房屋建筑和市政基础设施工程施工总承包合同（示范文本）》。

二、勘察、设计合同示范文本

1. 勘察合同示范文本

按照委托勘察任务的不同分为两个版本：

（1）建设工程勘察合同（一）：该范本适用于设计勘察工作的委托任务，包括岩土工程勘察、水文地质勘察、工程测量、工程物探等勘察。合同条款的主要内容有：

1）工程概况；

2）发包人应提供的资料；

3）勘察成果的提交；

4）勘察费用的支付；

5）发包人、勘察人责任；

6）违约责任；

7）未尽事宜的约定；

8）其他约定事项；

9）合同争议的解决；

10）合同生效。

(2) 建设工程勘察合同（二）：该范本的委托工作内容仅涉及岩土工程，包括岩土工程的勘察资料，对项目的岩土工程进行设计、治理和监测工作。合同条款的主要内容除了上述勘察合同应具备的条款外，还包括变更及工程费的调整；材料设备的供应；报告、文件、治理工作的检查和验收等方面的约定条款。

2. 设计合同示范文本

根据适用工程类别不同，也分为两个版本：

(1) 建设工程设计合同（一）：该范本适用于民用建设工程设计的合同，包括以下几方面的内容：

1）订立合同依据的范围和内容；

2）委托设计任务的范围和内容；

3）发包人应提供的有关资料和文件；

4）设计人应交付的资料和文件；

5）设计费用的支付；

6）双方责任；

7）违约责任；

8）其他。

(2) 建设工程设计合同（二）：该范本适用于委托专业工程的设计，除了上述设计合同应包括的条款外，还增加了设计依据、合同文件的组成和优先次序、项目的投资要求、设计阶段和设计内容以及保密等方面的内容。

三、施工合同示范文本

施工合同的内容复杂、涉及面广，如果当事人缺乏经验，所订合同易发生难以处理的纠纷。为了避免当事人遗漏和纠纷的产生，建设部和国家工商行政管理总局从1991年开始批准发布了全国第一个《建设工程施工合同（示范文本）》，旨在提示合同当事人在订立合同时更好地明确各自的权利义务，防止合同纠纷；于1999年又对其进行了修订，印发了《建设工程施工合同（示范文本）》。目前，针对我国建设市场的具体情况，总结示范文本的执行情况，住房和城乡建设部和国家工商行政管理总局正在组织专家对其进行修订，在实际工作中应以新修订发布的示范文本为准。示范文本对合同当事人的权利义务进行罗列，条款内容不仅涉及各种情况下双方的合同责任和规范化的履行管理程序，而且涵盖了非正常情况的处理原则，如变更、索赔、不可抗力、合同的被迫终止、争议的解决等方面。

1. 示范文本的组成

建设工程施工合同示范文本由《协议书》、《通用条款》、《专用条款》三部分组成，并附有三个附件。

（1）《协议书》

《协议书》是施工合同的总纲性法律文件，经过双方当事人签字盖章后合同即成立。标准化的协议书格式文字量不大，需要结合承包工程特点填写的约定主要内容包括：工程概况、工程承包范围、合同工期、质量标准、合同价款、合同生效时间，并明确对双方有约束力的合同文件组成。

（2）《通用条款》

《通用条款》是在广泛总结国内工程实施成功经验和失败教训的基础上，参考 FIDIC《土木工程施工合同条件》相关内容的规定，编制的规范承发包双方履行合同义务的标准化条款。通用条件包括：词语定义及合同文件、双方一般权利和义务、施工组织设计和工期、质量与检验、安全施工、合同价款与支付、材料设备供应、工程变更、竣工验收与结算、违约、索赔和争议、其他等，共 11 部分、47 个条款。《通用条款》适用于各类建设工程施工的条款，在使用时不作任何改动。

（3）《专用条款》

由于具体实施工程项目的工作内容各不相同，施工现场和外部环境条件各异，因此还必须有反映招标工程具体特点和要求的专用条款的约定。示范文本中的《专用条款》部分是结合具体工程双方约定的条款，为当事人提供了编制具体合同时应包括内容的指南，具体内容由当事人根据发包工程的实际要求细化。《专用条款》是对《通用条款》的补充、修改或具体化。

具体工程项目编制专用条款的原则是，结合项目特点，针对通用条款的内容进行补充或修正，达到相同序号的通用条款和专用条款共同组成对某一方面问题内容完备的约定。因此，专用条款的序号不必依次排列，通用条件已构成完善的部分不需重复抄录，只按对通用条款部分需要补充、细化甚至弃用的条款作相应说明，按照通用条款对该问题的编号顺序排列即可。

（4）附件

示范文本为使用者提供了《承包方承揽工程项目一览表》、《发包方供应材料设备一览表》以及《房屋建筑工程质量保修书》三个附件，如果具体项目的实施为包工包料承包，则可以不使用发包人供应材料设备表。

2. 施工合同文件的组成及解释顺序

（1）施工合同文件的组成

组成建设工程施工合同的文件包括：

1）施工合同协议书；

2）中标通知书；

3）投标书及其附件；

4）施工合同专用条款；

5）施工合同通用条款；

6）标准、规范及有关技术文件；

7）图纸；

8）工程量清单；

9）工程报价单或预算书。

双方有关工程的洽商、变更等书面协议或文件视为协议书的组成部分。

（2）施工合同文件的解释顺序

上述合同文件应能够互相解释、互相说明。当合同文件中出现不一致时，上面的顺序就是合同的优先解释顺序。当合同文件出现含糊不清或者当事人有不同理解时，按照合同争议的解决方式处理。

四、委托监理合同示范文本

建设工程委托监理合同示范文本由《建设工程委托监理合同》、《建设工程委托监理合同标准条件》、《建设工程委托监理合同专用条件》组成。

《建设工程委托监理合同》是一个总的法律文件，其中明确了当事人双方确定的委托监理的概况，委托人向监理人支付报酬的期限和方式；合同签订、生效、完成时间；双方愿意履行约定的各项义务的表示。对委托人和监理人有约束力的合同除双方确定的“合同”协议以外，还包括以下文件：

（1）监理委托函或中标函；

（2）建设工程委托合同标准条件；

（3）建设工程委托合同专用条件；

（4）在实施过程中双方共同签署的补充与修正文件；

（5）其他。

第四节　FIDIC 标准合同范本简介

一、FIDIC 合同文件的发展历史

FIDIC 是国际咨询工程师联合会的法文缩写，中文音译为“菲迪克”，是国际上最具有权威性的咨询工程师组织。1957 年，FIDIC 与国际房屋建筑和公共工程联合会［现在的欧洲国际建筑联合会（FIEC）］在英国咨询工程师联合会（ACE）颁布的《土木工程合同文件格式》的基础上出版了《土木工程施工合同条件（国际）》（第 1 版）（俗称“红皮书”），常称为 FIDIC 条件。该条件分为两部分：第一部分是通用合同条件；第二部分为专用合同条件。1963 年，首次出版了适用于业主和承包商的机械与设备供应和安装的《电气与机械工程标准合同条件格式》（即黄皮书）。

1987 年 9 月红皮书出版了第四版，将第二部分（专用合同条件）扩大了，单独成册出版，但其条款编号与第一部分一一对应，使两部分合在一起共同构成确定合同双方权利和义务的合同条件。第二部分必须根据合同的具体情况起草。为了方便第二部分的编写，编有解释性说明以及条款的例子，为合同双方提供了必要且可供选择的条文（1988 年，做了若干编辑方面的修改之后，红皮书再次重印。这些修改不影响有关条款的涵义，只是

澄清了其真正意图。)。同时出版的还有黄皮书第三版《电气与机械工程合同条件》，分为三个独立的部分：序言、通用条件和专用条件。

1995年又起草发行了适用于由承包商同时承担工程设计与施工的《设计-施工和交钥匙合同条件》(橘皮书)。

以上的红皮书(1987年)、黄皮书(1987年)、橘皮书(1995年)和《土木工程施工合同-分合同条件》、蓝皮书(《招标程序》)、白皮书(《顾客/咨询工程师模式服务协议》)、《联合承包协议》、《咨询服务分包协议》共同构成FIDIC彩虹族系列合同文件。

由于国际工程项目管理的飞速发展，无论是红皮书、黄皮书还是橘皮书，到了20世纪90年代实际上已经不能完全满足世界上许多项目的需求。因此，在1999年FIDIC将标准合同范本的分类方式从“土建”与“电气和机械”转向“业主设计”与“承包商设计”，编写发行了全新版FIDIC合同条件的四个新范本，形成了1999年版标准合同族，即新的彩虹合同系列：

(1)《施工合同条件》(新红皮书)的名称是：由业主设计的房屋和工程施工合同条件(Conditions of Contract for Construction for Building and Engineering Works Designed by the Employer)；

(2)《生产设备和设计-建造合同条件》(新黄皮书)的名称是：由承包商设计的电气和机械设备安装与民用和工程合同条件(Conditions of Contract for Plant and Designed-Build for Electrical and Mechanical Plant and Building and Engineering Works Designed by the Contractor)；

(3)《设计采购施工(EPC)/交钥匙工程合同条件》(Conditions of Contract for EPC/Turnkey)——银皮书(Silver Book)；

(4)《简明合同格式》(Short Form of contract)——绿皮书(Green Book)。

二、新版FIDIC合同条件

新版FIDIC合同条件更具有灵活性和易用性，如果通用合同条件中的某一条并不适用于实际项目，那么可以简单地将其删除而不需要在专用条件中特别说明。编写通用条件中子条款的内容时，也充分考虑了其适用范围，使其适用于大多数合同(不过，子条款并不是FIDIC合同的必要部分，用户可根据需要选用)。新红皮书、新黄皮书和银皮书均包括以下三部分：通用条件/专用条件编写指南/投标书、合同协议、争议评审协议。各合同条件的通用条件部分都有20条款。绿皮书则包括协议书、通用条件、专用条件、裁决规则和应用指南(指南不是合同文件，仅为用户提供使用上的帮助)，合同条件共15条，52款。

1.《施工合同条件》(新红皮书)

(1) 适用范围

建造合同条件特别适合于传统的“设计-招标-建造”(Design-Bid-Construction)建设履行方式。该合同条件适用于建设项目规模大、复杂程度高、业主提供设计的项目。新红皮书基本继承了原红皮书的“风险分担”的原则，即业主愿意承担比较大的风险。因此，业主希望做几乎全部设计；雇用工程师作为其代理人管理合同、管理施工以及签证支付；希望在工程施工的全过程中持续得到全部信息，并能作变更等；希望支付根据工程量清单或通过的工作总价。而承包商仅根据业主提供的图纸资料进行施工（当然，承包商有时要根据要求承担结构、机械和电气部分的设计工作）。那么，《施工合同条件》（新红皮书）正是此种类型业主所需的合同范本。

（2）主要特点

1）框架：新红皮书放弃了原红皮书第四版的框架，而是继承了1995年橘皮书的格式，合同条件分为20个标题，与黄皮书、银皮书合同条件的大部分条款一致，同时加入了一些新的定义，便于使用和理解。

2）业主方面：新红皮书对业主的职责、权力、义务有了更严格的要求，如对业主资金安排、支付时间和补偿、业主违约等方面的内容进行了补充和细化。

3）承包商方面：对承包商的工作提出了更严格的要求，如承包商应将质量保证体系和月进度报告的所有细节都提供给工程师、在何种条件下将没收履约保证金、工程检验维修的期限等。

4）索赔、仲裁方面：增加了与索赔有关的条款并丰富了细节，加入了争端委员会的工作程序，由3个委员会负责处理那些工程师的裁决不被双方认可的争端。

2.《生产设备和设计-建造合同条件》（新黄皮书）

（1）适用范围。

《生产设备和设计-建造合同条件》特别适用于“设计-建造”（Design-Construction）建设方式。该合同范本适用于电力和机械设备的提供和施工安装，以及房屋建筑或其他土木工程的设计和实施。在这种合同条件形式下，一般都是由承包商按照业主的要求设计和提供设备或其他工程。

（2）主要特点。

1）框架：借鉴1995年橘皮书的格式，合同结构类似新红皮书，并与新红皮书、银皮书相统一。

2）业主方面：对设计管理的要求更加系统、严格，通用条件里就专门有一条共7款关于设计管理工作的规定。同时赋予了工程师较大权力对设计文件进行审批；限制了业主在更换工程师方面的随意性，如果承包商对业主提出的新工程师人选不满意，则业主无权更换；业主对承包商的支付，采用以总价为基础的合同方式，期中支付和费用变更的方式均有详细规定。

3）承包商方面：承包商要根据合同建立一套质量保证体系，在设计和实施开始前，都要将其全部细节送工程师审查；增加可供选择的“竣工后检验”并严格了“竣工检验”环节以确保工程的最终质量。另外，新黄皮书的规定使承包商要承担更多的风险，如将“工程所在国之外发生的叛乱、革命、暴动政变、内战、离了辐射、放射性污染等”在原黄皮书中由业主承担的风险改由承包商来承担，当然因为设计工作是由承包商来提供的，设计方面的风险自然也由承包商承担。

4）索赔、仲裁方面：与新红皮书一样，采用DAB工作程序来解决争端。

3.《设计采购施工（EPC）/交钥匙工程合同条件》（银皮书）

《设计采购施工（EPC）/交钥匙工程合同条件》是一种现代新型的建设履行方式。该合同范本适用于建设项目规模大、复杂程度高、承包商提供设计、承包商承担绝大部分风险的情况。与其他三个合同范本的最大区别在于，在《设计采购施工（EPC）/交钥匙工程合同条件》下业主只承担工程项目的很小风险，而将绝大部分风险转移给承包商。这是由于作为这些项目（特别是私人投资的商业项目）投资方的业主在投资前关心的是工程的最终价格和最终工期，以便他们能够准确地预测在该项目上投资的经济可行性。所以，他们希望少承担项目实施过程中的风险，以避免追加费用和延长工期。因此，当业主希望：（1）承包商承担全部设计责任，合同价格的高度确定性，以及时间不允许逾期；（2）不卷入每天的项目工作中去；（3）多支付承包商建造费用，但作为条件承包商须承担额外的工程总价及工期的风险；（4）项目的管理严格采纳双方当事人的方式，如无工程师的介入，那么，《设计采购施工（EPC）/交钥匙工程合同条件》（银皮书）正是所需。另外，使用EPC合同的项目的招标阶段给予承包商充分的时间和资料使其全面了解业主的要求并进行前期规划、风险评估的估价；业主也不得过度干预承包商的工作；业主的付款方式应按照合同支付，而无须像新红皮书和新黄皮书里规定的工程师核查工程量并签认支付证书后才付款。

《设计采购施工（EPC）/交钥匙工程合同条件》特别适宜于下列项目类型：

（1）民间主动融资 PFI（Private Finance Initiate），或公共/民间伙伴 PPP（Public/Private Partnership），或 BOT（Built Operate Transfer）及其他特许经营合同的项目；

（2）发电厂或工厂且业主期望以固定价格的交钥匙方式来履行项目；

（3）基础设计项目（如公路、铁路、桥、水或污水处理厂、水坝等）或类似项目，业主提供资金并希望以固定价格的交钥匙方式来履行项目；

（4）民用项目且业主希望采纳固定价格的交钥匙方式来履行项目，通常项目的完成包括所有家具、调试和设备。

主要有以下特点：

（1）风险：EPC 合同明确划分了业主和承包商的风险，特别是承包商要独自承担发生最为频繁的“外部自然力”这一风险。

（2）管理方式：由于业主承担的风险已大大减少，他就没有必要专门聘请工程师来代表他对工程进行全面细致的管理。EPC 合同中规定，业主或委派业主代表直接对项目进行管理，人选的更换不需经过承包商同意；业主或业主代表对设计的管理比黄皮书宽松；但是对工期和费用索赔管理是极为严格的，这也是 EPC 合同订立的初衷。

4.《简明格式合同》（绿皮书）

FIDIC 编委会编写绿皮书的宗旨在于使该合同范本适用于投资规模相对较小的民用和土木工程，如：

（1）造价在 500000 美元以下以及工期在 6 个月以下；

（2）工程相对简单，不需专业分包合同；

（3）重复性工作；

（4）施工周期短。

承包商根据业主或业主代表提供的图纸进行施工。当然，简明格式合同也适用于部分或全部由承包商设计的土木电气、机械和建筑设计的项目。类似银皮书关于管理模式的条款，“工程师”一词也没有出现在合同条件里。这是因为在相对直接和简单的项目中，工程师的存在没有必要性。当然，如果业主愿意，他仍然可以任命工程师。鉴于绿皮书短小、简单、易于被用户掌握，编委会强烈地希望绿皮书能够被非英语系国家翻译成其母语，从而广泛地应用。此外，对发展中国家、不发达国家和在世界范围邀请招标的项目，绿皮书也被推荐使用。主要有以下特点：

（1）简单：正如绿皮书的名字一样，本合同格式的最大特点就是简单，合同条件中的一些定义被删除了而另一些被重新解释；专用条件部分只有题目没有内容，仅当业主认为有必要时才加入内容；没有提供履约保函的建议格式。同时，文件的协议书中提供了一种简单的“报价和接受”的方法以简化工作程序，即将投标书和协议书格式合并为一个文件，业主在招标时在协议书上写好适当的内容，由承包商报价并填写其他部分，如果业主决定接受，就在该承包商的标书上签字，当返还的一份协议书到达承包商处的时候，合同即生效。

（2）业主方面：合同条件中关于“业主批准”的条款只有两款，从而在一定程度上避免了承包商将自己的风险转移给业主；通过简化合同条件，将承包商索赔的内容都合并在一个条款中；同时，提供了好几种变更估价和合同估价方式以供选择。

（3）承包商方面：在竣工时间、工程接收、修补缺陷等条款方面也和其他合同文本有一定的差异。

第五章　合同管理的基本流程

第一节　合同管理的基本流程

建筑工程合同与三大控制——质量控制、投资控制、进度控制紧密相连，建设工程施工合同作为工程投资的法律文件载体，对工程投资起着决定性的作用。合同管理是企业重要的管理内容之一，与投资控制密不可分。合同管理的主要目标是优化合同管理流程、降低合同管理风险、提高合同管理效率。这需要对合同管理的一般流程和合同管理风险进行分析。合同管理一般流程分为合同准备、签署、履行和履行后管理四个阶段，其中，对合同管理风险分析，可以从合同管理流程入手，也可以从导致合同管理风险的主要因素入手。

可以将合同管理划分为以下四个阶段：

（1）合同准备阶段：包括合同策划、调查、初步确定准合同对象等程序；

（2）合同签署阶段：包括合同谈判、拟订合同文本、履行审批手续、正式签署合同、将合同分送相关部门等程序；

（3）合同履行阶段：包括合同履行、变更或转让、终止、处理纠纷等程序；

（4）合同履行后管理阶段：包括合同归档保管、执行情况评价等程序。

合同管理的一般流程，如图 5-1 所示。

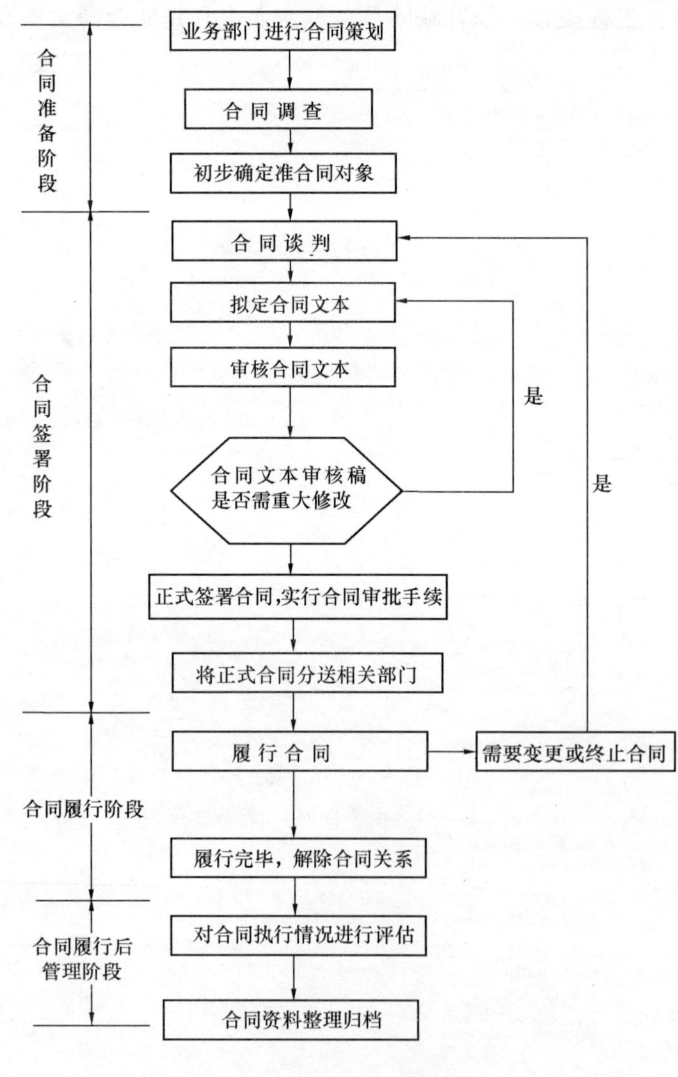

图 5-1　合同管理流程图

第二节　合同准备阶段的管理

合同准备阶段的管理也称合同总体策划。合同签订意味着合同生效和全面履行，所以必须采取谨慎、严肃、认真的态度，做好签订前的准备工作。合同管理风险虽然主要集中显现在履行阶段，但却隐含在整个合同管理流程中，尤其以合同准备阶段为甚，且是各种因素综合影响的结果。因此，合同准备阶段的风险防范至关重要。

一、合同准备阶段的风险防范

合同准备阶段的风险是指在合同准备过程中存在不当行为的风险，包括合同策划风险、调查风险、初步确定准合同对象的风险等。

1. 合同策划风险

合同策划风险是指在合同策划阶段存在的不能满足企业战略和业务目标的风险。合同策划在各层次上应保持项目内容上的完整性，避免遗漏和增项。任何缺陷或遗漏都很可能引起设计变更、附加工程增加、施工现场的窝工、停工，不仅会影响单个合同进度，而且极易造成合同界面工期冲突，致使合同界面不能顺利交接，又进而影响后续工程进度，产生连锁反应。

在工程建设项目中，业主采用的管理模式不同，则相应的合同界面数量、范围以及界面的工作内容等也不尽相同。如果业主将设计、建筑施工、安装工程、装修工程等按不同专业委托给不同的承包商，专业分得越细，承包商数量越多，合同界面数量也越多，界面上的工作量减少，业主的管理跨度也越大，其界面管理的难度也越大，这就要求业主具有非常高的管理水平。相反，业主只面对一个设计总承包商、一个施工总承包商和一个设备总包商。这样大量的合同界面管理工作被转给总承包商，从而大大减少了业主的合同界面管理工作量，并降低了管理的复杂程度，但投资势必会相应增加。所以，合理划分合同界面，进行合同策划，必须综合考虑业主的管理水平、承包商业务能力、经费总额等多方面因素。

2. 合同调查风险

合同调查风险是指在合同调查过程中对被调查对象做出不当评价的风险。这种风险主要体现在对被调查对象的履约能力和商业信誉给予过高评价的风险。要控制这类风险，主要是提高合同调查人员的专业素质和责任心，在充分收集相关证据的基础上做出恰当的判断；建立合同对象的商业信用档案等。

3. 初步确定准合同对象的风险

初步确定准合同对象的风险是指准合同对象确定不当的风险。这种风险主要体现为：将不具备履约能力的对象确定为准合同对象；将具有履约能力的对象排除在准合同对象之外。在签订合同前，应了解对方的法人资格、经营范围及相应资质、履约能力、资信情况等，必要时索取法定代表人及代理人的身份证明文件。当对对方资信情况不明时，需要求对方提供营业执照副本、相关财务报表、银行资信证明或履约担保人（签订担保合同）。担保人必须是能够承担相应经济责任的具有法人资格的经济实体。

二、工程项目的合同分析

当事人对项目的合同分析是指在合同确定前，从履行合同的角度对合同文件进行一次全面的审查分析。如发现问题，当事人应及时予以纠正，使合同目标能落实到履行合同的具体事件和工作上，最终形成一个符合要求的合同。

1. 合同整体性分析和合同类型的选择

合同条款是一个整体，各条款之间有着一定的内在联系和逻辑关系。一个合同事件，往往会涉及若干条款，如关于合同价格就涉及工程计量、计价方式、支付程序、调价条件和方法、暂定金的使用等条款，必须认真、仔细地分析这些条款在时间、空间、技术和管理上，以及权利义务的平衡和制约上的顺序关系和相互依赖关系。各条款间不能出现缺陷、矛盾或逻辑上的不足。

合同签订前需要重视合同类型的选择。国内外工程管理按照合同价款的付款方式不同，将合同分为总价合同、单价合同、成本加酬金合同三种。我国《建设工程施工合同示范文本》在确定合同价款的付款方式时，将合同分为固定价格合同、可调价格合同和成本加酬金合同。

（1）总价合同：双方在专用条款内约定合同价款包含的风险范围和风险费用的计算方法，在约定的风险范围内合同价款不再调整；风险范围以外的合同价款调整方法，应当在专用条款内约定。总价合同又分为固定总价合同、可调总价合同。

固定总价合同是以设计图纸、工程量等为计算依据，按合同签订时的总价一次包死，而在合同履行过程中，总价不因环境的变化和工程量的增减而变化。对于一些零星工程，由于工期较短、工程量也好计算，承包商的风险性较小，这样甲乙双方都愿意采用固定总价合同。对于一些零星变更，施工单位也不愿再报结算，重新审核，而一次包死的方式也能调动施工单位的工作积极性。

可调总价合同：合同价款可根据双方的约定而调整，双方在专用条款内约定合同价款调整方法。在工程实施过程中，这种合同约定的工程数量与工程价格可以随实际情况变化而调整。例如，可以在固定总价合同的基础上，增加合同履行过程中因市场价格浮动等因素对承包价格调整的条款。如果发生设计变更或增加新的工作内容，则用合同内已确定的单价来计算新增工作量而对总价进行调整。

（2）单价合同：单价合同是指在工程实施过程中，工程量按实际发生量计算，是可变的，而单价固定不作调整，只根据工程量的变化来调整，最后结算总价。实行工程量清单计价的工程，宜采用固定单价合同方式。

这种合同通常由建设单位委托设计、咨询单位计算出工程量清单，分别列出分部分项工程量。承包商在投标时填报单价，并计算出总造价。工程施工过程中，各分部分项的实际工程量应按实际完成量计算，并按投标时承包商所填报的单价计算实际工程总造价。这种合同的特点是在整个施工过程中单价不变，工程承包金额将有变化。

（3）成本加酬金合同：合同价款包括成本和酬金两部分，双方在专用条款内约定成本构成和酬金的计算方法。即由发包人向承包人支付工程项目的实际成本，并按事先约定的某一方式支付酬金。

在选择合同类型时，一般情况下是业主占有主动权。但业主不能单纯考虑自己的利益，应当综合考虑项目规模、工期长短、竞争情况、复杂程度、外部环境等因素，考虑承包商的承受能力，权衡利弊，慎重选择双方都能认可的合同类型。一旦选定，则双方在工程竣工结算时就要严格按照合同约定计价方式执行。

不同计价方式的合同类型比较如表 5-1 所示。

不同计价方式合同类型比较　　表 5-1

合同类型		总价合同	单价合同	成本加酬金合同	备注
业主投资控制		易	较易	难	
承包商风险		风险大	风险小	基本无风险	
适用条件	规模、工期	规模小、工期短	规模大、工期长	规模大、工期长	
	项目竞争程度	大	较大	小	
	项目复杂程度	低	较低	高	
	项目明确程度	类别及工程量明确	预计工程量有较大出入时	工程类别及工程量均不明确	
	准备时间	长	较长	短	
	外部环境影响	好	较好	差	

2. 合同间的协调分析

建筑工程项目的建设，要签订若干合同，如勘察设计合同、施工合同、供应合同、贷款合同等，在合同体系中，相关的同级合同之间、主合同与分合同之间关系复杂，必须对此做出周密分析和协调，其中既有整体的合同策划，又有具体的合同管理问题。

(1) 工作内容的完整性：业主签订的所有合同所确定的工作范围应覆盖项目的全部工作，完成了各个合同也就实现了项目投资控制的总目标。为了防止缺陷和遗漏，应做好下述工作：

1) 招标前进行项目的系统分析，明确项目系统范围。

2) 将项目作结构分解，系统地分成若干独立的合同，并列出各合同的工程量表。

3) 进行各合同间的界面分析，特别注意划清界面上的工作责任，以及与之对应的质量、工期和成本目标要求。

(2) 技术经济上的协调性：各合同之间只有在技术经济上协调，才能构成符合项目投资总目标的要求。

1) 主要合同之间设计标准的一致性，土建、设备、材料、安装等，应有统一的技术质量标准及要求，各专业工程之间应有良好的协调。

2) 分包合同应按照总承包合同的条件订立，全面反映总合同的相关内容；采购合同的技术要求须符合承包合同中的技术规范的要求。

3) 各合同之间应界面清晰、搭接合理。

4）在工程实践中，各个合同签订时间、执行时间往往不是同步的，管理部门也常常不同。因此，不仅在签约阶段和实施阶段，而且在合同内容和各部门管理过程上，都应该统一协调。有时合同管理的组织协调甚至比合同内容更为重要。

第三节　合同签署阶段的管理

一、项目合同的缔约谈判

项目合同谈判是指合同双方在合同签订前进行认真仔细的会谈和商讨，将双方在招投标过程中达成的协议具体化或做某些增补与删改，对价格和所有合同条款进行法律认证，最终订立一份对双方都有法律约束力的合同文件的过程。

1. 谈判准备

合同谈判的结果直接关系到合同条款的订立是否于己方有利。合同谈判风险是指在合同谈判过程中忽略了重大问题或在重大问题上做出不当让步的风险以及本企业谈判策略泄密的风险。这种风险主要表现为：对合同标的、产品和服务的数量、产品或服务的质量或技术标准、价款或酬金的确定方式与支付方式、履约期限和地点及方式、违约责任的主要类型及其承担方式、争议的解决方法和地点等涉及合同内容和条款的核心部分，乃至关键细节等的忽略或做出了不当的让步，可能导致企业权益受损的风险；对可能存在的不符合国家产业政策和法律法规要求之事项的忽略。

因此，在合同正式谈判开始前，合同各方应深入细致地做好充分的思想准备、组织准备、资料准备等。控制合同谈判风险的主要方法是组建素质结构合理的谈判团队，如要求谈判团队中除了有经验丰富的业务人员外，还应当有谈判经验丰富的技术、财会、审计、法律等方面的人员参与谈判，必要时还应当聘请外部专家参与合同的相关工作。在谈判过程中，谈判团队及时总结谈判过程中的得失，研究确定下一步谈判的策略等，充分发挥团队的智慧，在整个过程中，强调并做好保密工作。

2. 缔约谈判

（1）初步谈判。初步洽谈就是要做好市场调查、签约资格审查、信用审查等工作。如果双方通过初步的洽谈了解到的资料和信息同各自所要达到的预期目标相符，就可以为下一阶段的实质性谈判做好准备。

（2）实质性谈判。在双方通过初步的洽谈并取得了广泛的相互了解后，就可以进入实质性谈判阶段。主要谈判的合同条款一般包括：标的物、数量和质量、价款或酬金、履行、验收方法、违约责任等条款。

（3）签约。由于项目的复杂性和合同履行的长期性，在签约前必须就双方一致同意的条件拟定明确、具体的书面协议，以明确双方的权利和义务。具体形式可由一方起草并经商讨由另一方确认后形成；或者由双方各起草一份协议，经双方综合讨论，逐条商定，最后形成双方一致同意的合同。

3. 缔约谈判中解决的主要问题

在合同谈判中，应在保证招标要求和中标结果的基础上，谈判相应的合同细节。合同签署阶段的重要控制措施是做好合同的文本管理，控制合同的文本风险。合同文本风险是指合同内容和条款不当的风险。这种风险主要表现为：合同内容和条款可能存在的不合理、不严密、不完整、不明确或表述不当，可能导致重大误解。因此，在合同签订过程中要非常谨慎，不得含糊，语言文字的表述应准确无误，避免出现歧义，合同应做到维护各方的合法权益，以避免以后竣工结算时出现争议。为了确保合同的有效履行，针对合同文本风险可对以下几方面进行重点控制：

（1）工程项目活动的主要内容。即承包人应承担的工作范围，主要包括监理、勘察、设计、施工、材料和设备的供应、工程量确定、人员和质量要求等。

（2）合同价格。合同价格是合同谈判的核心问题，也是双方争执的关键。价格是受工作内容、工期及其他各种义务制约的，除包括单价、总价、工资和其他各项费用外，还有支付条件及支付的附带条件等内容都需要进行认真谈判。可以重点采取以下几项措施：

1）准确约定合同中关于工程造价支付内容的具体条款。

其中工程造价支付条款，涉及预付款、工程款、工程变更款、竣工结算款的具体约定，这是在签订工程合同时必须重点明确的内容。有了这些具体约定，施工项目什么时候申领款项，申领多少基本都很明确。从建设单位角度出发，可以根本杜绝超领和冒领工程款的现象；从施工单位角度出发，条款的合理确定也能保证承包方有章可循，经过正规渠道及时得到应得的款额，最终确保工程进度的顺利进行。

2）加强合同中对工程造价变更的管理。

社会上建筑工程发生的大量合同纠纷，主要的争执点就是工程变更问题，而这也是工程合同中最薄弱的环节。针对建设工程纠纷多发点，在合同起草中必须就如何应对工程变更的发生做出明确的界定，对变更后工程造价的计量计价做出明确的约定。

3）加强合同中工程造价的风险管理。

控制工程造价的风险在很大程度上是控制材料价格的风险，因此，在合同中应明确材料价格的风险管理办法。约定材料价格变化时的调整方式，避免结算扯皮现象的发生，当然其他的风险因素也应都有考虑，并在合同中加强控制措施。

（3）工期。工期是合同双方控制工程进度、控制工程成本的重要依据。因此在谈判过程中，要依据施工规划和确定的最优工期，考虑各种可能的风险影响因素，争取双方商定一个较为合理、双方都满意的工期，以保证有足够的时间来完成合同，同时不致影响其他项目的进行，个别甲方有特殊要求的项目还可以约定节点工期。同时，工期提前或滞后的奖惩办法也必须在合同中明确。

（4）验收。验收是工程项目建设的一个重要的环节，因而需要在合同中就验收的范围、时间、质量标准等做出明确的规定。在合同谈判的过程中，双方需要针对这些方面的细节性问题仔细商讨。

（5）保证。主要有各种投标保证金、付款保证、履约保证、保险等细节内容。

（6）违约责任。在合同履行过程中，当事人一方由于过错等原因不履行或不完全履行合同时，无过错一方有权要求对方承担损失并承担赔偿责任。当事人可以在合同中规定惩罚性条款。这一内容关系到合同能否顺利执行、损失能否得到有效补偿，因而也是合同谈判中双方关注的焦点之一。

二、合同订立的程序

与一般合同的订立过程一样，工程建设项目合同双方当事人也采取要约、承诺的方式达成一致意见，订立合同。当事人双方意思表示真实一致时，合同即可成立。

1. 要约

要约是和他人订立合同的意思表示，又称为报价、发价或发盘。发出要约的当事人称为要约人，而要约所指向的对方当事人则称为受要约人。一项要约要取得法律效力，必须符合以下规定：1）内容具体确定；2）要约必须表明受要约人承诺，要约人即受该意思表示约束。

（1）要约邀请

要约邀请是希望他人向自己发出要约的意思表示。要约是以订立合同为目的、具有法律意义的意思表示行为，一经发出就产生一定的法律效果。而要约邀请的目的是让对方向自己发出要约，是订立合同的一种预备行为，即使对方依邀请对自己发出了要约，自己也没有承诺的义务。

要约邀请与要约的主要区别是：1）在性质上，要约是订立合同的意思表示；而要约邀请仅是订立的预备行为，是一种事实行为而非表意行为。2）在直接目的上，要约是要约人以订立合同为目的的意思表示；而要约邀请并不以订立为直接目的，它在于唤起别人向自己发出要约。3）在内容上，要约必须具体确定，包括必要条款；而要约邀请在内容上就没有这样的要求。4）在效力上，要约一经相对人承诺，合同即告成立，要约人应受要约约束，承担法律责任；而要约邀请则不能是这样，无需承担法律责任。

在建设工程招投标活动中，招标人发布的招标公告或招标邀请只是一种要约邀请，而不是要约，因为它不是向特定的主体发出的，也没有规定价格。投标人进行投标报价的行为则是要约，是当事人一方向另一方提出订立合同的愿望。

（2）要约的法律效力

要约的法律效力指要约生效后的法律后果。要约到达受要约人时生效。它依要约的形式不同而不同：口头要约一般自受要约人了解时发生法律效力；非口头要约一般从要送达受要约人时发生法律效力。要约的法律效力分为对要约人的效力和对受要约人的效力两个方面。

1）对受要约人的效力

要约生效后，受要约人取得依照他的承诺而使合同成立的法律资格。但他没有承担的义务，除法律有特别规定或者双方当事人另有约定外。

2）对要约人的效力

要约人发出要约，一般应在要约中指明要约答复的期限（又称有效期限），要约人受要约的约束主要表现为：①受要约人有签订合同的义务；②在出售特定物的情况下，要约人不能再向受要约人以外的其他人发生相同内容的要约或者签订相同内容的合同。③要约人在要约有效期内不得随意撤销或变更要约。

（3）要约的撤回与撤销

要约的撤回是指要约人在其发出的要约生效前，取消要约，从而使要约不生效的意思表示。根据《合同法》第 17 条规定：当事人可以撤回要约，但撤回要约的通知应当在要约到达受要约人之前或者与要约同时到达受约人。

要约的撤销是指要约人在要约生效后，将该项要约取消，使要约的法律效力归于消灭的意思表示。

二者的区别在于：撤回发生在要约生效之前，而撤销则发生在要约已经到达并且生效但受要约人尚未做出承诺的期限内。

（4）要约的失效

要约人发出要约后，因一定的事由发生而失效。引起要约失效的法定事由包括：1）拒绝要约的通知到达要约人时；2）要约人依法撤销要约；3）承诺期限届满，受要约人未作出承诺；4）受要约人对要约的内容作出实质性变更。

2. 承诺

依照我国《合同法》第 21 条规定：承诺是受要约人同意要约的意思表示。有效的承诺应符合以下条件：1）承诺必须由受要约人做出；2）承诺必须向要约人做出；3）承诺的内容必须与要约的内容一致；4）承诺必须在承诺期间内做出。

（1）承诺的生效

承诺的时间是指承诺的意思表示到达要约人支配的范围内时，承诺发生法律效力。承诺不需要通知，根据交易习惯或者要约的要求做出承诺的行为时生效。

（2）承诺的撤回

所谓承诺撤回指要约人在发出承诺通知后，在承诺正式生效之前撤回承诺。《合同法》第 27 条规定"承诺可以撤回。撤回承诺的通知应在承诺通知到达要约人之前或者与承诺通知同时到达要约人。"

3. 合同的生效与成立

合同成立是指订约当事人就合同的主要条款达成合意；而合同生效是指已经成立的合同开始发生以国家强制力保障的法律约束力，即合同发生法律效力。合同成立是生效的前提，合同生效是合同成立的结果。当事人订立合同的目的，就是要使合同生效，产生约束力，从而实现合同所规定的权利和利益，如果合同不能生效，则合同等于一纸空文，当事人也就不能实现订约目的。从实践来看，如果当事人依据法律的规定订立合同，合同的内容和形式都符合法律规定，则这些合同一旦成立便能生效。《合同法》第 44 条规定："依法成立的合同，自成立时生效"。但也有例外，如法律和行政法规规定需经批准和登记才能生效的合同，必须经过批准和登记。因此，合同成立并不意味着合同就生效，合同成立与合同生效是两个不同的法律概念。

合同的一般生效要件包括：1）主体合格，行为人具有相应的民事行为能力；2）意思表示真实；3）不违反法律和社会公共利益。某些特殊合同，需办理特殊手续，如批准、登记等。

（1）两者的关系

1）合同生效以合同成立为提前，合同不成立就无所谓生效。反之，一个合同生效了，意味着它已经成立了。

2）合同成立并不意味着合同生效。合同成立后是否生效，主要分以下几种情况：①大多数合同成立即生效，也就是说合同成立与合同生效是在同一时间；②合同成立后永远不生效，即无效合同；③合同成立后处于效力待定状态，是否生效要看合成立时缺乏的生效要件后来能否得到补正；④合同成立后并不立即生效，生效时间视所附期限；⑤合同成立后并不立即生效，只有完成了应当办理的批准、登记手续后地生效。

3）如果法律、行政法规明确规定某一类合同应当办理批准、登记手续才生效的，则此时批准、登记手续为该合同的生效要件。未予办理的，人民法院应当认定该合同未生效。但注意，只要在一审法庭辩论终结前办理了批准、登记手续的，人民法院就应当认定该合同已生效。

（2）两者的区别

1）构成条件不同。合同成立的条件包括：订约主体存在双方或多方当事人，订约当事人就合同的主要条款达成合意。至于当事人意思表示是否真实，则在所不问，它着重强调合同的外在形式所表现。而合同生效的条件主要有：行为人具有相应的民事行为能力；意思表示真实；不违反法律或者社会公共利益以及符合法定形式。

2）法律意义不同。合同成立与否基本上取决于当事人双方的意志，体现的是合同自由原则，合同成立的意义在于表明当事人双方已就特定的权利义务关系取得共识。而合同能否生效则要取决于是否符合国家法律的要求，体现的是合同守法原则，合同生效的意义在于表明当事人的意志已与国家意志和社会利益实现了统一，合同内容有了法律的强制保障。

3）作用阶段不同。合同成立标志着当事人双方经过协商一致达成协议，合同内容所反映的当事人双方的权利义务关系已经明确。而合同生效表明合同已获得国家法律的确认和保障，当事人应全面履行合同，以实现缔约目的。简单地说，合同的成立标志着合同订立阶段的结束，合同的生效则表明合同履行阶段即将开始，它是合同履行的前提，又是合同履行的依据。

4）责任形式不同。合同的成立，如果当事人要承担的责任就是缔约过失责任，所谓缔约过失责任是指在合同订立过程中，一方因违背其依据诚实信用原则所应尽的义务，而致另一方的信赖利益损失，则应承担民事责任。而合同的生效，当事人要承担的责任就是违约责任，所谓违约责任，也称为违反合同的民事责任，是指合同当事人因不履行合同义务或者履行合同义务不符合约定，而向对方承担的民事责任，包括继续履行、赔偿损失、支付违约金及适用定金罚则等。

5）赔偿范围不同。合同的成立，当事人承担的赔偿范围只限于信赖利益损失，所谓信赖利益损失主要是指一方实施某种行为后，足以使另一方对其产生信赖（如相信其会订立合同），并因此而支付了一定的费用，后因对方违反诚信原则使该费用不能得到补偿，且仅限于直接损失，不包括间接损失。而合同的生效，意味着合同具有法律效力，当事人不履行合同约定的义务，造成违约，给相对方造成损失的，承担实际遭受的全部损失。不仅包括现有财产直接损失，而且包括可得利益的损失。

4. 无效合同

依据《最高人民法院关于审理建设工程施工合同纠纷案件适用法律问题的解释》（法释［2004］14 号）的规定，一共有四种情况可能导致建筑工程施工合同无效。

（1）承包人未取得建筑施工企业资质或者超越资质等级的建设工程施工合同无效。

为了加强对建筑活动的监督管理，维护公共利益和建筑市场秩序，保证建设工程质量安全，根据《中华人民共和国建筑法》、《中华人民共和国行政许可法》、《建设工程质量管理条例》、《建设工程安全生产管理条例》等法律、行政法规，住房和城乡建设部颁布了《建筑业企业资质管理规定》。根据该规定，建筑业企业资质分为施工总承包、专业承包和劳务分包三个序列。施工总承包资质、专业承包资质、劳务分包资质序列按照工程性质和技术特点分别划分为若干资质类别。各资质类别按照规定的条件划分为若干资质等级。

根据上述规定，承包人承包工程应当具备相应的资质。承包人未取得建筑施工企业资质或者超越资质等级的建设工程施工合同无效。

(2) 没有资质的实际施工人借用有资质的建筑施工企业名义的建设工程施工合同无效。

鉴于没有法定资质的单位或个人以挂靠、联营、内部承包等形式使用有法定资质的建筑施工企业名义与发包单位签订的建设工程施工合同的情况时有发生，《中华人民共和国建筑法》对此做了禁止性的规定。

根据《中华人民共和国建筑法》第二十六条规定，承包建筑工程的单位应当持有依法取得的资质证书，并在其资质等级许可的业务范围内承揽工程。禁止建筑施工企业超越本企业资质等级许可的业务范围或者以任何形式用其他建筑施工企业的名义承揽工程。禁止建筑施工企业以任何形式允许其他单位或者个人使用本企业的资质证书、营业执照，以本企业的名义承揽工程。

《最高人民法院关于审理建设工程施工合同纠纷案件适用法律问题的解释》也明确规定，没有资质的实际施工人借用有资质的建筑施工企业名义的，所签署的建设工程施工合同无效。

(3) 建设工程必须进行招标而未招标或者中标无效的建设工程施工合同无效。

根据《中华人民共和国招标投标法》规定，在中华人民共和国境内进行下列工程建设项目包括项目的勘察、设计、施工、监理以及与工程建设有关的重要设备、材料等的采购，必须进行招标：1）大型基础设施、公用事业等关系社会公共利益、公众安全的项目；2）全部或者部分使用国有资金投资或者国家融资的项目；3）使用国际组织或者外国政府贷款、援助资金的项目。

为了明确上述必须进行招标项目的范围，国家发展计划委员会发布了《工程建设项目招标范围和规模标准规定》，对必须进行招标的工程建设项目的具体范围和规模标准作了非常具体的规定。

1）所谓“关系社会公共利益、公众安全的基础设施项目”的范围包括：①煤炭、石油、天然气、电力、新能源等能源项目；② 铁路、公路、管道、水运、航空以及其他交通运输业等交通运输项目；③ 邮政、电信枢纽、通信、信息网络等邮电通讯项目；④ 防洪、灌溉、排涝、引（供）水、滩涂治理、水土保持、水利枢纽等水利项目；⑤ 道路、桥梁、地铁和轻轨交通、污水排放及处理、垃圾处理、地下管道、公共停车场等城市设施项目；⑥ 生态环境保护项目；⑦ 其他基础设施项目。

2）所谓“关系社会公共利益、公众安全的公用事业项目”的范围包括：① 供水、供电、供气、供热等市政工程项目；② 科技、教育、文化等项目；③ 体育、旅游等项目；④ 卫生、社会福利等项目；⑤ 商品住宅，包括经济适用住房；⑥ 其他公用事业项目。

3）所谓“使用国有资金投资项目”的范围包括：① 使用各级财政预算资金的项目；② 使用纳入财政管理的各种政府性专项建设基金的项目；③ 使用国有企业事业单位自有

资金，并且国有资产投资者实际拥有控制权的项目。

4）所谓“国家融资项目”的范围包括：① 使用国家发行债券所筹资金的项目；② 使用国家对外借款或者担保所筹资金的项目；③ 使用国家政策性贷款的项目；④ 国家授权投资主体融资的项目；⑤ 国家特许的融资项目。

5）所谓“使用国际组织或者外国政府资金的项目”的范围包括：① 使用世界银行、亚洲开发银行等国际组织贷款资金的项目；② 使用外国政府及其机构贷款资金的项目；③ 使用国际组织或者外国政府援助资金的项目。

并非凡是符合上述条件、不论项目大小一律进行招标。根据《工程建设项目招标范围和规模标准规定》，上述规定范围内的各类工程建设项目，包括项目的勘察、设计、施工、监理以及与工程建设有关的重要设备、材料等的采购，达到下列标准之一的，必须进行招标：1）施工单项合同估算价在200万元人民币以上的；2）重要设备、材料等货物的采购，单项合同估算价在100万元人民币以上的；3）勘察、设计、监理等服务的采购，单项合同估算价在50万元人民币以上的；4）单项合同估算价低于第1）、2）、3）项规定的标准，但项目总投资额在3000万元人民币以上的。

凡是根据上述规定，必须进行招标而未招标的建设工程施工合同无效。

此外，《中华人民共和国招标投标法》（以下简称《招投标法》）还规定了数种中标无效的情况。根据《最高人民法院关于审理建设工程施工合同纠纷案件适用法律问题的解释》的规定，建设工程如果必须进行招标而出现中标无效的情况的，所签署的建设工程施工合同无效。可能出现中标无效的情况主要有以下情形：

1）招标代理机构违反《招投标法》规定，泄露应当保密的与招标投标活动有关的情况和资料的，或者与招标人、投标人串通损害国家利益、社会公共利益或者他人合法权益，影响中标结果的，中标无效。

2）依法必须进行招标的项目的招标人向他人透露已获取招标文件的潜在投标人的名称、数量或者可能影响公平竞争的有关招标投标的其他情况的，或者泄露标底的，影响中标结果的，中标无效。

3）投标人相互串通投标或者与招标人串通投标的，投标人以向招标人或者评标委员会成员行贿的手段谋取中标的，中标无效。

4）投标人以他人名义投标或者以其他方式弄虚作假，骗取中标的，中标无效。

5）依法必须进行招标的项目，招标人违反《招投标法》规定，与投标人就投标价格、投标方案等实质性内容进行谈判，影响中标结果的，中标无效。

6）招标人在评标委员会依法推荐的中标候选人以外确定中标人的，依法必须进行招标的项目在所有投标被评标委员会否决后自行确定中标人的，中标无效。

（4）承包人非法转包、违法分包建设工程的建设工程施工合同无效。

根据《建设工程质量管理条例》的规定，违法分包，是指下列行为：1）总承包单位将建设工程分包给不具备相应资质条件的单位的；2）建设工程总承包合同中未有约定，又未经建设单位认可，承包单位将其承包的部分建设工程交由其他单位完成的；3）施工总承包单位将建设工程主体结构的施工分包给其他单位的；4）分包单位将其承包的建设工程再分包的。

根据《建设工程质量管理条例》的规定，转包是指承包单位承包建设工程后，不履行合同约定的责任和义务，将其承包的全部建设工程转给他人或者将其承包的全部建设工程肢解以后以分包的名义分别转给其他单位承包的行为。

我国《建筑法》对于转包、分包有非常明确和具体的规定。根据《建筑法》第二十八条规定，禁止承包单位将其承包的全部建筑工程转包给他人，禁止承包单位将其承包的全部建筑工程肢解以后以分包的名义分别转包给他人。

我国《建筑法》第二十九条规定了特定情况下的分包。建筑工程总承包单位可以将承包工程中的部分工程发包给具有相应资质条件的分包单位。但是，除总承包合同中约定的分包外，必须经建设单位认可。施工总承包的，建筑工程主体结构的施工必须由总承包单位自行完成。建筑工程总承包单位按照总承包合同的约定对建设单位负责；分包单位按照分包合同的约定对总承包单位负责。总承包单位和分包单位就分包工程对建设单位承担连带责任。禁止总承包单位将工程分包给不具备相应资质条件的单位。禁止分包单位将其承包的工程再分包。

我国《合同法》对于转包和分包也做了明确的规定。我国《合同法》第二百七十二条规定，总承包人或者勘察、设计、施工承包人经发包人同意，可以将自己承包的部分工作交由第三人完成。第三人就其完成的工作成果与总承包人或者勘察、设计、施工承包人向发包人承担连带责任。承包人不得将其承包的全部建设工程转包给第三人或者将其承包的全部建设工程肢解以后以分包的名义分别转包给第三人。禁止承包人将工程分包给不具备相应资质条件的单位。禁止分包单位将其承包的工程再分包。建设工程主体结构的施工必须由承包人自行完成。

为了贯彻实施上述法律，《最高人民法院关于审理建设工程施工合同纠纷案件适用法律问题的解释》规定，凡是承包人非法转包、违法分包建设工程的建设工程施工合同一律无效。而且还要追究法律责任，人民法院可以根据民法通则第一百三十四条规定，收缴当事人已经取得的非法所得。

三、合同的审批和签订

在经招标确定中标单位（或经考察比选确定中标单位）及双方就合同文本相关事宜进行了数次谈判后，合同管理部门应指派业务经办人办理合同签订的相关审批手续，可参考附表的合同签订审批表（见表 5-2 和表 5-3），针对工程项目自身的特点编制适用的表格，并将合同分送相关部门。

合同签订审批表　　表 5-2

<table>
<tr><td>建设项目名称</td><td colspan="3"></td></tr>
<tr><td>合同名称</td><td colspan="3"></td></tr>
<tr><td>对方单位名称</td><td colspan="3"></td></tr>
<tr><td colspan="2">合同投标价：　　元</td><td colspan="2">合同签约价：　　元</td></tr>
<tr><td colspan="4">合同谈判说明：

经办人：</td></tr>
<tr><td>处室：</td><td colspan="2">项目副经理：</td><td>项目经理：</td></tr>
<tr><td colspan="4">总指挥（副总指挥）：</td></tr>
</table>

合同更改审批表 表 5-3

<table>
<tr><td>建设项目名称</td><td colspan="3"></td></tr>
<tr><td>合同名称</td><td colspan="3"></td></tr>
<tr><td>对方单位名称</td><td colspan="3"></td></tr>
<tr><td colspan="2">更改金额：　　　　元</td><td colspan="2">原合同金额：　　　　元</td></tr>
<tr><td colspan="4">更改内容说明：

经办人：</td></tr>
<tr><td>处室：</td><td colspan="2">项目副经理：</td><td>项目经理：</td></tr>
<tr><td colspan="4">总指挥（副总指挥）：</td></tr>
</table>

第四节　合同履行中的管理

一、合同履行的保证体系

为了有效确保工程项目的合同履行，应建立适宜的合同履行保证体系，包括：将项目管理过程有机地结合起来，从职责、过程、资源、惯例和程序等方面形成完整的管理体系，以降低和减少合同实施过程的风险程度。

合同履行保证体系应围绕项目投资、进度和质量的核心目标，有效实现合同中规定的当事人的责任和义务，并通过落实责任制、过程监督、合同诊断、工程索赔、纠纷处理等活动，提升合同管理的水平和层次。

合同组成文件和合同分析的资料是实施合同管理的依据。在合同履行前，应当由合同管理人员编制合同实施的详细工作计划，向各层次管理者和参与人作合同交底，把合同责任具体的落实到各责任人和合同实施的具体工作上。

(1) 合同管理人员向项目管理人员和企业各部门管理人员进行“合同交底”，组织大家学习合同和合同总体分析结果，研究落实合同实施的详细工作计划，对合同的主要内容做出解释和说明。

(2) 将各种合同事件的责任分解到工程项目的有关责任人。

(3) 在合同实施前和过程中加强合同当事人及项目相关参与方的沟通，必要时召开协调会，落实各种安排。

(4) 在合同实施过程中，必须进行经常的检查、监督，对合同做出解释。

会同有关部门实施对合同履约的定期检查，使问题发现、暴露、解决在过程中，而不致事后发现问题，难以挽回。以造价为管理中心，合同预算部门不是单纯算钱，不能被动地接受预决算资料，而是积极地参与到合同履行的全过程。

(5) 合同责任的完成必须通过索赔等其他经济手段来保证。

合同履行过程中的有关造价的资料包括所有会影响造价的签证和索赔的资料，由合同预算管理部门的专人专管。

(6) 重视工程进度款的支付管理工作。

对于施工单位申请的每笔工程款的支付，都要事先查看合同条款、以往付款情况、本次付款依据是否充足等相关信息，确认无误后方可填写报销凭单，并与财务办理相关手续。工程款的支付一定要专项专人负责，尤其是最后一笔支付金额必须与财务审核报告核对无误后方可支付。

二、变更洽商的管理

投资控制涉及方方面面，从项目的投资决策、工程设计、工程实施到工程的竣工验收，每个阶段都不能松懈，只有做到全过程控制才能真正节约成本，目前绝大多数国有企业的项目都执行了招标控制，合同金额一经签订，施工图纸范围的工程内容除暂估价外就固定包死，合同签订结算形式基本上是投标总价加洽商变更的结算原则，因此，工程洽商的有效控制在工程实施阶段就显得尤为重要。

投资控制是一项业务性很强的工作，作为投资控制人员，不仅要了解工程及预算方面的专业知识，还要通晓财务、合同、招投标管理等相关领域方面的知识。作为投资控制人员，既要不断提升自己的业务水平，更要注重理论与实践相结合，对于书本知识不应盲目信从，应以理论指导实践，并以实践修正理论。

技术与经济相结合是控制工程造价的最有效手段。长期以来，我国的工程技术人员习惯于把控制投资看成是与己无关的预算人员的职责。而预算人员的主要责任是根据财务制度办事，他们往往不熟悉工程技术知识，也较少了解工程进展中的各种关系和问题，往往单纯从财务角度审核费用开支，难以有效地控制工程造价。因此，要有效地控制工程造价，必须从技术、经济等多方面采取措施，力求在技术先进条件下的经济合理，在经济合理基础上的技术先进，把控制工程造价观念渗透到各项设计施工技术措施之中。变更洽商审批制度的执行就是将技术与经济结合控制投资的一项行之有效的措施。

设计变更是指施工图完成后，经过三方（设计单位、建设单位和施工单位）同意，对原设计进行局部修改，以变更单的形式表示。一般情况下，设计变更前，三方或两方（建设单位、施工单位）进行的协商过程称作洽商。设计变更的形式有时由设计单位发出设计变更通知单，有时是根据洽商结果写成洽商记录。洽商变更包括技术变更与经济变更，是施工合同的补充文件，运用洽商变更解决施工问题，既有利于完善设计，又有利于施工的顺利进行。但洽商变更过多、过乱，既影响设计意图的实现，又可能造成结算增加甚至造成造价失控。因此，洽商变更的规范问题，应引起足够的重视。主要有以下几点：

1. 严格签办洽商变更审批手续

发包人应严格控制洽商变更，加强现场施工管理，坚持按图施工。洽商变更要尽量缩小范围，限制签办洽商变更权限，严格签办审批手续，明确签办要求，原则上只有在某些不合理或保守设计，工程造价偏高，不能很好满足使用要求的情况下，才能通过优化设计与洽商变更，对施工合同进行洽商变更。对承包人为自己施工方便提出增加费用要求的洽商变更坚决不签。要想控制洽商变更的发生，必须制定切实可行的洽商变更手续办理制度，可以采用施工单位报价、监理人员审核、甲方领导会签的表格形式。

图 5-2 所示是某项目部自行制定并屡行多年行之有效的用于洽商变更发生之前的手续办理工作，该项目部设计了两套表格，第一套工艺（技术）设计更改申请单（见表 5-4）的目的在于尽量减少洽商变更的发生，对于重大变更项目办需召开专题会议确定。

2. 准确核定洽商变更费用，力求投资的动态控制

经过第一套表格的会签，对于能通过优化设计节约投资的工程变更内容在这一阶段得到详细讨论，设计变更发生的必要性已得到充分论证。这时再履行第二套表格设计变更洽商费用确认单（见表 5-5），其目的在于及时了解洽商变更金额，动态把握项目投资情况。

在许多工程管理中，大部分都是先办理洽商变更，再审核洽商金额，这种处理洽商变更的方式往往置建设单位于被动地位，施工方知道洽商既已发生，建设单位必须支付相应的费用，所以鉴于施工方预算人员身兼多个工地，洽商金额迟迟不报，建设单位无从了解项目投资的真实状况，只有在工程完工后施工方上报结算时才能初步了解，结算金额往往超出预计费用，造成国有资金的失控管理。

第二套表格设计变更洽商费用确认单的实施，从根本上杜绝了上述现象的发生，所以工程项目实施洽商变更管理制度已势在必行，刻不容缓。在施工过程中发生工程洽

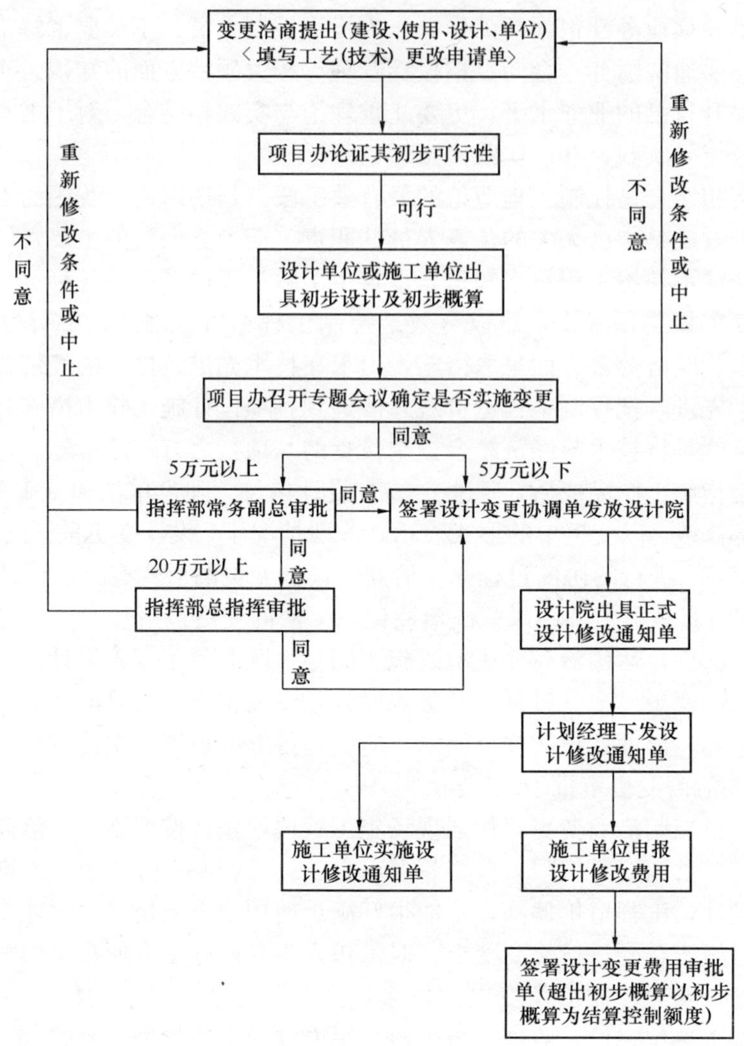

图 5-2　某项目部洽商变更流程

商、设计变更时，应本着“先算账、后实施”的原则，在办理每一笔工程洽商、设计变更之前，要进行成本费用分析，是否必须办理签证，一旦确定，要求施工单位及时做出报价，并报监理及预算部门审核。杜绝现场管理人员违规签证、签证不及时及重复签证等现象的发生。

3. 加强洽商变更的源头控制

实践中很多发包人急于项目的开工，既没有对投资、建筑标准、设计深度等进行认真深入的审查，也没有严把招标文件和承包合同的合理性与完善程度，造成边施工边洽商变更，有的项目甚至一改再改。因此，发包人必须加强对洽商变更的行为进行监督，因洽商变更造成损失的应追究相应人员的责任。

目前因设计原因造成的洽商费用占很大比例，但设计院的责任却很少被追究，其原因很多，一方面是甲方工艺变化造成设计大幅度修改，另一方面是设计人员施工经验欠缺，结构图与专业图打架的现象比比皆是，再有就是甲方给设计院出图的时间总是有限，前期工作做得不扎实势必给工程实施阶段的投资控制带来难度，所以，加强设计阶段的质量控制才是解决洽商变更的关键所在。

工艺（技术）设计更改申请单 **表 5-4**

存档编号：

<table>
<tr><td colspan="2">项目名称</td><td colspan="4"></td></tr>
<tr><td colspan="2">变更内容主题</td><td colspan="4"></td></tr>
<tr><td colspan="2">提出单位</td><td colspan="4"></td></tr>
<tr><td colspan="2">提出时间</td><td colspan="4"></td></tr>
<tr><td colspan="6">变更内容概述：</td></tr>
<tr><td colspan="6">变更初步估算概述：</td></tr>
<tr><td colspan="2">专业监理意见</td><td></td><td colspan="2">总监审批</td><td></td></tr>
<tr><td colspan="2">使用单位审批</td><td colspan="4"></td></tr>
<tr><td rowspan="2">项目办</td><td>土建经理审批</td><td></td><td rowspan="2">指挥部</td><td>常务副总审批</td><td></td></tr>
<tr><td>项目经理审批</td><td></td><td>总指挥审批</td><td></td></tr>
</table>

设计变更洽商费用确认单

表 5-5

编号：

<table>
<tr><td colspan="2">工程名称</td><td colspan="4"></td></tr>
<tr><td colspan="2">建设单位</td><td colspan="4"></td></tr>
<tr><td colspan="2">施工单位</td><td colspan="4"></td></tr>
<tr><td colspan="2">监理单位</td><td colspan="4"></td></tr>
<tr><td colspan="2">洽商号</td><td colspan="2"></td><td>洽商日期</td><td></td></tr>
<tr><td colspan="6">设计变更洽商简要内容</td></tr>
<tr><td colspan="6"></td></tr>
<tr><td colspan="6">设计变更洽商费用简要内容</td></tr>
<tr><td colspan="6"></td></tr>
<tr><td colspan="2">监理单位
预算人员签字</td><td></td><td colspan="2">项目办合同
经理审批</td><td></td></tr>
<tr><td colspan="2">监理单位
总监审批</td><td></td><td colspan="2">施工单位
项目经理签字</td><td></td></tr>
<tr><td rowspan="2">项目办</td><td>项目办
土建经理审批</td><td></td><td rowspan="2">指挥部</td><td>常务副
总审批</td><td></td></tr>
<tr><td>项目办
项目经理审批</td><td></td><td>总指挥
审批</td><td></td></tr>
</table>

第六章　合同的索赔管理

第一节　索赔的特点和原因

一、索赔的特点

索赔是指在工程合同履行过程中，合同当事人一方不履行或未正确履行其义务，而使另一方受到损失，受损失的一方通过一定的合法程序向违约方提出经济或时间补偿的要求。索赔有以下四项特点：

1. 索赔作为一种合同赋予双方的具有法律意义的权利主张，其主体是双向的

在合同的实施过程中，不仅承包商可以向业主索赔，业主也同样可以向承包商索赔。但在工程实践中，发包人索赔数量较小，而且处理方便。可以通过冲账、扣拨工程款、扣保证金等实现对承包人的索赔，而承包人对发包人的索赔则比较困难一些。通常情况下，索赔是指承包人（施工单位）在合同实施过程中，对非自身原因造成的工程延期、费用增加而要求发包人给予补偿损失的一种权利要求。

2. 索赔必须以法律或合同为依据

只有一方有违约或违法事实，受损方才能向违约方提出索赔。工程师依据合同和事实对索赔进行处理是其公平性的重要体现。在不同的合同条件下，这些依据很可能是不同的。如因为不可抗力导致的索赔，在国内《标准施工招标文件》的合同条款中，承包人机械设备损坏的损失，是由承包人承担的，不能向发包人索赔，但在 FIDIC 合同条件下，不可抗力事件一般都列为业主承担的风险，损失都应当由业主承担。

3. 索赔必须建立在损害后果已客观存在的基础上

不论是经济损失，或权利损害，没有损失的事实而提出索赔是不成立的。经济损失是指因对方因素造成合同外的额外支出，如人工费、机械费、材料费、管理费等额外开支；权利损失是指虽然没有经济上的损失，但造成一方权利上的损害，如由于恶劣气候条件对工程进度的不利影响，承包商有权要求工期延长等。

4. 索赔应采用明示的方式

索赔应该有书面文件，索赔的内容和要求应该明确而肯定。

二、索赔的原因

1. 当事人违约

当事人违约常常表现为没有按照合同约定履行自己的义务。发包人违约常常表现为没有为承包人提供合同约定的施工条件、未按照合同约定的期限和数额付款等。监理人未能按照合同约定完成工作，如未能及时发出图纸、指令等也视为发包人违约。承包人违约的

情况则主要是没有按照合同约定的质量、期限完成施工，或者由于不当行为给发包人造成其他损害。

2. 不可抗力或不利的物质条件

不可抗力又可以分为自然事件和社会事件。自然事件主要是工程施工过程中不可避免发生并不能克服的自然灾害，包括地震、海啸、瘟疫、水灾等。社会事件则包括国家政策、法律、法令的变更、战争、罢工等。

不利的物质条件通常是指承包人在施工现场遇到的不可预见的自然物质条件、非自然的物质障碍和污染物，包括地下和水文条件等。

3. 合同缺陷

合同缺陷表现为合同文件规定不严谨甚至矛盾、合同中的遗漏或错误。在设计施工过程中，双方在签订工程合同时未能充分考虑和明确各种因素对工程建设的影响，致使施工合同在履行中出现这样那样的矛盾，从而引起施工索赔。

4. 合同变更

合同变更表现为设计变更、施工方法变更、追加或者取消某些工作等。在工程施工阶段发生设计与实际间的差异等原因导致的工程项目在工期、人工、材料等方面的索赔。

5. 价格调整和法规变化引起的索赔

第二节　索赔的分类和处理原则

一、索赔的分类

工程索赔依据不同的标准可以进行不同的分类。

1. 按索赔的合同依据分类

按索赔的合同依据可以将工程索赔分为合同中明示的索赔和合同中默示的索赔。合同中明示的索赔是指索赔涉及的内容在合同文件中能够找到依据，业主或承包商可以据此提出索赔要求。合同中默示的索赔是指索赔涉及的内容在合同文件中没有专门的文字叙述，但可以根据该合同的某些条款的含义，推论出一定的索赔权。

2. 按索赔目的分类

按索赔目的可以将工程索赔分为工期索赔和费用索赔。工期索赔就是要求业主延长施工时间，使原规定的工程竣工日期顺延，从而避免违约罚金的发生；费用索赔就是要求业主或承包方双方补偿费用损失，进而调整合同价款。

3. 按索赔事件的性质分类

按索赔事件的性质可以将工程索赔分为工程延误索赔、工程变更索赔、合同被迫终止索赔、工程加速索赔、意外风险和不可预见因素索赔和其他索赔。

二、索赔的处理原则

1. 及时、合理地处理索赔

索赔事件发生后，索赔的提出应当及时，索赔的处理也应当及时。索赔处理得不及时，对双方都会产生不利的影响，处理索赔还必须坚持合理性原则，应当考虑到工程的实际情况。

2. 加强主动控制，减少工程索赔

对于工程索赔应当加强主动控制，尽量减少索赔。这就要求在工程管理过程中，应当尽量将工作做在前面，减少索赔事件的发生。这样能够使工程更顺利地进行，降低工程投资、减少施工工期。

第三节　工程索赔的处理程序

《标准施工招标文件》规定的索赔程序：

一、承包人索赔的提出

(1) 承包人应在知道或应当知道索赔事件发生后28d内，向监理人递交索赔意向通知书，并说明发生索赔事件的事由。承包人未在前述28d内发出索赔意向通知书的，丧失要求追加付款和（或）延长工期的权利。

(2) 承包人应在发出索赔意向通知书后28d内，向监理人正式递交索赔通知书。索赔通知书应详细说明索赔理由以及要求追加的付款金额和（或）延长的工期，并附必要的记录和证明材料。

(3) 索赔事件具有连续影响的，承包人应按合理时间间隔继续递交延续索赔通知，说明连续影响的实际情况和记录，列出累计的追加付款金额和（或）工期延长天数。在索赔事件影响结束后的28d内，承包人应向监理人递交最终索赔通知书，说明最终要求索赔的追加付款金额和延长的工期，并附必要的记录和证明材料。

二、承包人索赔的处理程序

监理人收到承包人提交的索赔通知书后，应按照以下程序进行处理：

(1) 监理人收到承包人提交的索赔通知书后，应及时审查索赔通知书的内容、查验承包人的记录和证明材料，必要时监理人可要求承包人提交全部原始记录副本。

(2) 监理人应商定或确定追加的付款和（或）延长的工期，并在收到上述索赔通知书或有关索赔的进一步证明材料后的42d内，将索赔处理结果答复承包人。

(3) 承包人接受索赔处理结果的，发包人应在作出索赔处理结果答复后28d内完成赔付。承包人不接受索赔处理结果的，按合同中争议解决条款的约定处理。

三、承包人提出索赔的期限

承包人接受了竣工付款证书后，应被认为已无权再提出在合同工程接收证书颁发前所发生的任何索赔。承包人提交的最终结清申请单中，只限于提出工程接收证书颁发后发生的索赔。提出索赔的期限自接受最终结清证书时终止。

第四节　工程项目索赔的计算

一、可索赔的费用

费用内容一般可以包括以下几个方面：

1. 人工费

包括增加工作内容的人工费、停工损失费和工作效率降低的损失费等累计，其中增加工作内容的人工费应按照计日工费计算，而停工损失费和工作效率降低的损失费按窝工费计算，窝工费的标准双方应在合同中约定。

2. 设备费

可采用机械台班费、机械折旧费、设备租赁费等几种形式。当工作内容增加引起的设备费索赔时，设备费的标准按照机械台班费计算。因窝工引起的设备费索赔，当施工机械属于施工企业自有时，按照机械折旧费计算索赔费用。当施工机械是施工企业从外部租赁时，索赔费用的标准按照设备租赁费计算。

3. 材料费

4. 保函手续费

工程延期时，保函手续费相应增加，反之，取消部分工程且发包人与承包人达成提前竣工协议时，承包人的保函金额相应折减，则计入合同价内的保函手续费也应扣减。

5. 迟延付款利息

发包人未按约定时间进行付款的，应按银行同期贷款利率支付迟延付款的利息。

6. 保险费

7. 管理费

此项又可分为现场管理费和公司管理费两部分，由于二者的计算方法不一样，所以在审核过程中应区别对待。

8. 利润

二、费用索赔的计算

计算方法有分项法、总费用法、修正的总费用法共三种。

1. 分项法

该方法是按照各索赔事件所引起损失的费用项目分别分析计算索赔值，然后将各费用项目的索赔值汇总，即可得到总索赔费用值。这种方法以承包商为某项索赔工作所支付的实际开支为依据，但仅限于由于索赔事项引起的、超过原计划的费用，故也称额外成本法。

2. 总费用法

总费用法称总成本法，就是当发生多次索赔事件后，重新计算该工程的实际总费用。再从这个实际总费用中减去投标报价时的估算总费用，计算索赔余额，具体公式为：

索赔金额＝实际总费用－投标报价估算总费用

3. 修正的总费用法

这种方法是对总费用法的改进，即在总费用计算的原则上，去掉一些不确定的可能因素，对总费用法进行相应的修改和调整，使其更加合理。修正内容如下：

(1) 将计算索赔款的时段局限于受到外界影响的时间，而不是整个施工期。

(2) 只计算受影响时段内的某项工作所受影响的损失，而不是计算该时段内的所有施工工作受的损失。

(3) 与该项工作无关的费用不列入总费用中。

(4) 对投标报价费用重新进行核算：按所受影响时段内的该工作的实际单价进行核算，乘以实际完成的该项工作的工作量，得出调整后的报价费用。

具体公式为：索赔金额＝某项工作调整后的实际费用－该项工作的报价费用

修正的总费用法与总费用法相比，有了实质性的改进，能够相当准确地反映出实际增加的费用。

三、工期索赔

1. 工期索赔中应当注意的问题

(1) 划清施工进度拖延的责任。因承包人的原因造成施工进度滞后，属于不可原谅的延期，只有承包人不应承担任何责任的延误，才是可原谅的延期。例如：可原谅但不给予补偿费用的延期是指非承包人责任的影响并未导致施工成本的额外支出，大多属于发包人应承担风险责任事件的影响，如异常恶劣的气候条件影响的停工等。

(2) 被延误的工作应是处于施工进度计划关键线路上的施工内容或者是非关键工作，但是延误超过了总时差。首先是分清责任，然后是计算和处理延误工期问题。

2. 工期索赔的计算

工期索赔的计算主要有网络图分析和比例计算法两种。

(1) 网络分析法：是利用进度计划的网络图，分析其关键线路和被延误工作的总时差。如果延误的工作为关键工作，则总延误的时间为批准顺延的工期；如果延误的工作为非关键工作，当该工作由于延误超过时差限制而成为关键工作时，则总延误的时间与该工作总时差的差值为批准顺延的工期；如果该工作延误后仍为非关键工作，则不存在工期索赔问题。

(2) 比例计算法：该方法主要应用于工程量有增加时工期索赔的计算，公式为：

工期索赔值＝(额外增加的工程量的价格÷原合同总价)×原合同总工期

3. 共同延误的处理

在实际施工过程中，工期拖期很少是只由一方造成的，往往是两、三种原因同时发生(或相互作用) 而形成的，故称为“共同延误”。在这种情况下，要具体分析哪一种情况延误是有效的，应依据以下原则：

(1) 首先判断造成拖期的哪一种原因是最先发生的，即确定“初始延误”者，它应对工程拖期负责。在初始延误发生作用期间，其他并发的延误者不承担拖期责任。

(2) 如果初始延误者是发包人原因，则在发包人原因造成的延误期内，承包人既可得到工期延长，又可得到经济补偿。

(3) 如果初始延误者是客观原因，则在客观因素发生影响的延误期内，承包人可以得到工期延长，但很难得到费用补偿。

(4) 如果初始延误者是承包人原因，则在承包人原因造成的延误期内，承包人既不能得到工期补偿，也不能得到费用补偿。

四、因不可抗力事件导致的费用索赔

因不可抗力事件导致的费用，发、承包双方应按以下原则分别承担并调整工程价款：

(1) 工程本身的损害、因工程损害导致第三人人员伤亡和财产损失以及运至施工场地用于施工的材料和待安装的设备的损害，由发包人承担；

(2) 发包人、承包人人员伤亡由其所在单位负责，并承担相应费用；

(3) 承包人的施工机械设备损坏及停工损失，由承包人承担；

(4) 停工期间，承包人应发包人要求留在施工场地的必要的管理人员及保卫人员的费用，由发包人承担；

(5) 工程所需清理、修复费用，由发包人承担。

第五节 案 例 分 析

【案例一】

背景：

某城市地下工程，业主与施工单位参照FIDIC合同条件签订了施工合同，除税金外的合同总价为8600万元。其中，现场管理费率15%，企业管理费率8%，利润率5%，合同工期730d。为保证施工安全，合同中规定施工单位应安装满足最小排水能力1.5t/min的排水设施，并安装1.5t/min的备用排水设施，两套设施合计15900元。合同中还规定，施工中如遇业主原因造成工程停工或窝工，业主对施工单位自有机械按台班单价的60%给予补偿，对施工单位租赁机械按租赁费给予补偿（不包括运转费用）。

该工程施工过程中发生以下三项事件；

事件1：施工过程中业主通知施工单位某分项工程（非关键工作）需进行设计变更，由此造成施工单位的机械设备窝工12d。

事件2：施工过程中遇到了非季节性大暴雨天气，由于地下断层相互贯通及地下水位不断上升等不利条件，原有排水设施满足不了排水要求，施工工区涌水量逐渐增加，使施工单位被迫停工，并造成施工设备被淹没。

为保证施工安全和施工进度，业主指令施工单位紧急增加购买额外排水设施，尽快恢复施工，施工单位按业主要求购买并安装了两套1.5t/min的排水设施，恢复了施工。

事件3：施工中发现地下文物，处理地下文物工作造成工期拖延40d。

就以上三项事件，施工单位按合同规定的索赔程序向业主提出索赔：

事件1. 由于业主修改工程设计12d，造成施工单位机械设备窝工费用索赔：

项　目	机械台班单价(元/台班)	时间(d)	金额(元)
9m^{2}空压机	310	12	3720
25t履带吊车(租赁)	1500	12	18000
塔　吊	1000	12	12000
混凝土泵车(租赁)	600	12	7200
合　计			40920

现场管理费：40920 元×15%＝6138 元；

企业管理费：(40920＋6138)元×8%＝3764.64 元；

利润：(40920＋6138＋3764.64)元×5%＝2541.13 元；

合计：53363.77 元。

事件 2：由于非季节性大暴雨天气费用索赔：

(1) 备用排水设施及额外增加排水设施费：(15900÷2×3)元＝23850 元；

(2) 被地下涌水淹没的机械设备损失费：16000 元；

(3) 额外排水工作的劳务费 8650 元；

合计：48500 元。

事件 3：由于处理地下文物，工期、费用索赔：

延长工期 40d；

索赔现场管理费增加额：

现场管理费：8600 万元×15%＝1290 万元；

相当于每天：(1290×10000÷730)元/d＝17671.23 元/d；

40 天合计：(17671.23×40)元＝706849.20 元。

问题：

1. 指出事件 1 中施工单位的哪些索赔要求不合理，为什么？造价工程师审核施工单位机械设备窝工费用索赔时，核定施工单位提供的机械台班单价属实，并核定机械台班单价中运转费用分别为：$9m^3$ 空压机为 93 元/台班，25t 履带吊车为 300 元/台班，塔吊为 190 元/台班，混凝土泵车为 140 元/台班，造价工程师应核定的索赔费用应是多少？

2. 事件 2 中施工单位可获得哪几项费用的索赔？核定的索赔费用应是多少？

3. 事件 3 中造价工程师是否应同意 40d 的工期延长？为什么？补偿的现场管理费如何计算，应补偿多少元？

解答：

1. 事件 1：

(1) 自有机械索赔要求不合理。因合同规定业主应按自有机械使用费的 60%补偿。

(2) 租赁机械索赔要求不合理。因合同规定租赁机械业主按租赁费补偿。

(3) 现场管理费、企业管理费索赔要求不合理，因分项工程窝工没有造成全工地的停工。

(4) 利润索赔要求不合理，因机械窝工并未造成利润的减少。

造价工程师核定的索赔费用为：

3720 元×60%＝2232 元；

(18000－300×12)元＝14400 元；

12000 元×60%＝7200 元；

(7200－140×12)元＝5520 元；

2232 元＋14400 元＋7200 元＋5520 元＝29352 元。

2. 事件 2：

(1) 可索赔额外增加的排水设施费。

（2）可索赔额外增加的排水工作劳务费。

核定的索赔费用应为：15900 元＋8650 元＝24550 元。

3. 事件 3：

应同意 40d 工期延长，因地下文物处理是有经验的承包商不可预见的（或：地下文物处理是业主应承担的风险）。

现场管理费应补偿额为：

（1）现场管理费：[86000000.00÷(1.15×1.08×1.05)×0.15]元＝9891879.46 元；

（2）每天的现场管理费：9891879.46 元÷730＝13550.52 元；

（3）应补偿的现场管理费：13550.52 元×40＝542020.80 元；

{或：合同价中的 8600 万元减去 5%的利润为：

86000000 元÷1.05＝81904761.90 元

减去 8%的企业管理费：

81904761.90 元÷1.08＝75837742.50 元

现场管理费为：75837742.50 元÷1.15×0.15＝9891879.46 元

每天的现场管理费为：9891879.46 元÷730＝13550.52 元

应补偿的现场管理费为：13550.52 元×40＝542020.80 元}

【案例二】

某大型工业项目的主厂房工程，发包人通过公开招标选定了承包人。并依据招标文件和投标文件，与承包人签订了施工合同。合同中部分内容如下：

（1）合同工期 160d，承包人编制的初始网络进度计划，如图 6-1 所示。

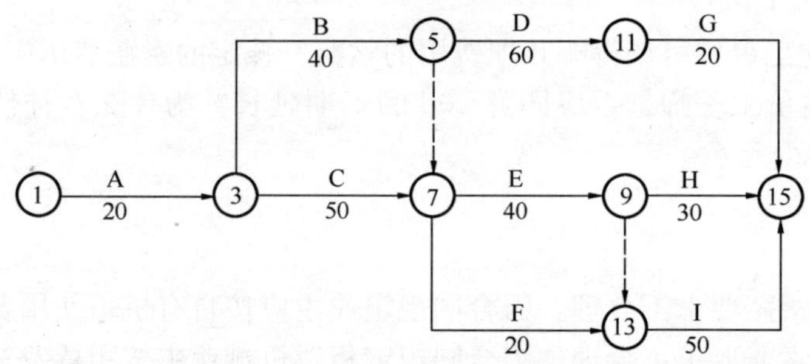

图 6-1　承包人编制的初始网络进度计划

由于施工工艺要求，该计划中 C、E、I 三项工作施工需使用同一台运输机械；B、D、H 三项工作施工需使用同一台吊装机械。上述工作由于施工机械的限制只能按顺序施工。不能同时平行进行。

（2）承包人在投标报价中填报的部分相关内容如下；

1）完成 A、B、C、D、E、F、G、H、I 九项工作的人工工日消耗量分别为：100、400、400、300、200、60、60、90、1000 个工日；

2）工人的日工资单价为 50 元/工日，运输机械台班单价为 2400 元/台班；吊装机械台班单价为 1200 元/台班；

3）分项工程项目和措施项目均采用以直接费为计算基础的工料单价法。其中的间接费费率为 18%；利润率为 7%；税金按相关规定计算。施工企业所在地为县城。

（3）合同中规定：人员窝工费补偿 25 元/工日；运输机械折旧费 1000 元/台班；吊装机械折旧费 500 元/台班。

在施工过程中，由于设计变更使工作 E 增加了工程量。作业时间延长了 20d，增加用工 100 个工日，增加材料费 2.5 万元，增加机械台班 20 个。相应的措施费增加 1.2 万元。同时，E、H、I 的工人分别属于不同工种，H、I 工作分别推迟 20d。

问题：

1. 对承包人的初始网络进度计划进行调整，以满足施工工艺和施工机械对施工作业顺序的制约要求。

2. 调整后的网络进度计划总工期为多少天？关键工作有哪些？

3. 按《建筑安装工程费用项目组成》（建标［2003］206 号）文件的规定计算该工程的税率，分项列式计算承包商在工作 E 上可以索赔的直接费、间接费、利润和税金。

4. 在因设计变更使工作 E 增加工程量的事件中，承包商除在工作 E 上可以索赔的费用外，是否还可以索赔其他费用？如果有可以索赔的其他费用，请分项列式计算可以索赔的费用，如果没有，请说明原因。

解答：

1. 对初始网络进度计划进行调整，结果如图 6-2 所示。

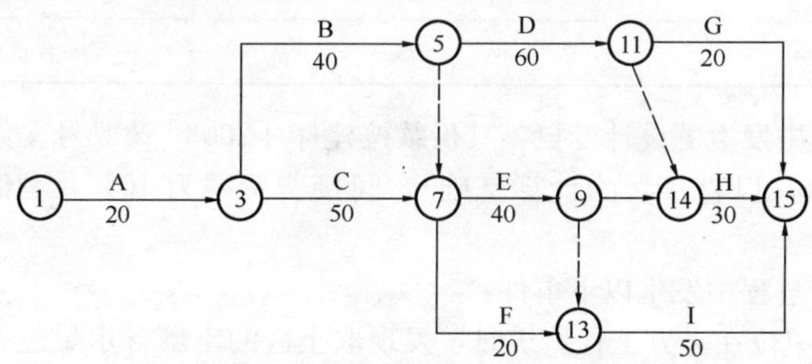

图 6-2　调整后的初始网络进度计划

2.（1）总工期仍为 160d。

（2）关键工作有 A、C、E、I（或①—③—⑦—⑨—⑬—⑮）。

3. 该工程的税金率为：3%(1+5%+3%)/｛1−3%(1+5%+3%)｝=3.35%

［或：1/[1−3%(1+5%+3%)]−1=3.35%］

承包商在工作 E 上可以索赔的费用：

直接费 100×50+25000+2400×20+12000=90000(元)

间接费 90000×18%=16200(元)

利润(90000+16200)×7%=7434(元)

税金(90000+16200+7434)×3.35%=3806.741(元)。

4. 还可以索赔其他费用，这些费用包括：

（1）H 工作费用索赔

1）因为 H 工作有 10d 总时差，所以，人员窝工和吊装机械闲置时间为：

20−10=10d；

2）每天窝工人数为：90/30=3 工日/d；

3）索赔费用为：3×10×25＋10×500＝5750 元。

（2）I 工作费用索赔：

1）人员窝工时间为 20d；

2）每天窝工人数为：1000/50＝20 工日/d；

3）索赔费用为：20×20×25＝10000 元。

【案例三】

某房屋建筑工程项目，建设单位与施工单位按照《建设工程施工合同（示范文本）》签订了施工承包合同。施工合同中规定：

（1）设备由建设单位采购，施工单位安装；

（2）建设单位原因导致的施工单位人员窝工，按 18 元/工日补偿，建设单位原因导致的施工单位设备闲置，按下表所列标准补偿；

设备闲置补偿标准表

机械名称	台班单价（元/台班）	补偿标准
大型起重机	1060	台班单价的 60%
自卸汽车（5t）	318	台班单价的 40%
自卸汽车（8t）	458	台班单价的 50%

（3）施工过程中发生的设计变更，其价款按建标［2003］206 号文件的规定以工料单价法计价程序计价（以直接费为计算基础），间接费费率为 10%，利润率为 5%，税率为 3.41%。

该工程在施工过程中发生以下事件：

事件 1：施工单位在土方工程填筑时，发现取土区的土壤含水量过大，必须经过晾晒后才能填筑，增加费用 30000 元，工期延误 10d。

事件 2：基坑开挖深度为 3m，施工组织设计中考虑的放坡系数为 0.3（已经监理工程师批准）。施工单位为避免坑壁塌方，开挖时加大了放坡系数，使土方开挖量增加，导致费用超支 10000 元，工期延误 3d。

事件 3：施工单位在主体钢结构吊装安装阶段发现钢筋混凝土结构上缺少相应的预埋件，经查实是由于土建施工图纸遗漏该预埋件的错误所致。返工处理后，增加费用 20000 元，工期延误 8d。

事件 4：建设单位采购的设备没有按计划时间到场，施工受到影响，施工单位一台大型起重机、两台自卸汽车（载重 5t、8t 各一台）闲置 5 天，工人窝工 86 工日，工期延误 5d。

事件 5：某分项工程由于建设单位提出工程使用功能的调整，须进行设计变更。设计变更后，经确认直接工程费增加 18000 元，措施费增加 2000 元。

上述事件发生后，施工单位及时向建设单位造价工程师提出索赔要求。

问题：

1. 分析以上各事件中造价工程师是否应该批准施工单位的索赔要求？为什么？

2. 对于工程施工中发生的工程变更，造价工程师对变更部分的合同价款应根据什么原则确定？

3. 造价工程师应批准的索赔金额是多少元？工程延期是多少天？

解答：

1. 事件 1 不应该批准。这是施工单位应该预料到的，属施工单位的责任。

事件 2 不应该批准。施工单位为确保安全，自行调整施工方案，属施工单位的责任。

事件 3 应该批准。这是由于土建施工图纸中错误造成的，属建设单位的责任。

事件 4 应该批准。这是由于建设单位采购的设备没按计划时间到场造成的，属建设单位的责任。

事件 5 应该批准。这是由于建设单位设计变更造成的，属建设单位的责任。

2. 变更价款的确定原则为：

（1）合同中已有适用于变更工程的价格，按合同已有的价格计算，变更合同价款；

（2）合同中只有类似于变更工程的价格，可以参照此价格确定变更价格，变更合同价款；

（3）合同中没有适用或类似于变更工程的价格，由承包商提出适当的变更价格，经造价工程师确认后执行；如不被造价工程师确认，双方应首先通过协商确定变更工程价款；当双方不能通过协商确定变更工程价款时，按合同争议的处理方法解决。

3.（1）造价工程师应批准的索赔金额为：

事件 3：返工费用 20000 元。

事件 4：机械台班费：(1060×60%+318×40%+458×50%)×5=4961 元；

人工费：86×18=1548 元。

事件 5：应给施工单位补偿：

直接费：18000+2000=20000 元；

间接费：20000×10%=2000 元；

利润：(20000+2000)×5%=1100 元；

税金：(20000+2000+1100)×3.41%=787.71 元；

应补偿：20000+2000+1100+787.71=23887.71 元；

或：(18000+2000)×(1+10%)(1+5%)(1+3.41%)=23887.71 元；

合计：20000+4961+1548+23887.71=50396.71 元。

(2)造价工程师应批准的工程延期为：

事件 3：8d；

事件 4：5d；

合计：13d。

【案例四】

某工程合同工期 37d，合同价 360 万元，采用清单计价模式下的单价合同，分部分项工程量清单项目单价、措施项目单价均采用承包商的报价、规费为人、材、机费和管理费与利润之和的 3.3%，税金为人、材、机费与管理费、利润、规费之和的 3.4%，业主草拟的部分施工合同条款内容如下：

(1) 当分部分项工程量清单项目中工程量的变化幅度在 10%以上时，可以调整综合单价；调整方法是：由监理工程师提出新的综合单价，经业主批准后调整合同价格。

(2) 安全文明施工措施费，根据分部分项工程量的变化幅度按比例调整，专业工程措施费不予调整。

(3) 材料实际购买价格与招标文件中列出的材料暂估价相比，变化幅度不超过10%时，价格不予调整，超过10%时，可以按实际价格调整。

(4) 如果施工过程中发生极其恶劣的不利自然条件，工期可以顺延，损失费用均由承包商承担。

在工程开工前，承包商提交了施工网络进度计划，如图6-3所示，并得到监理工程师的批准。

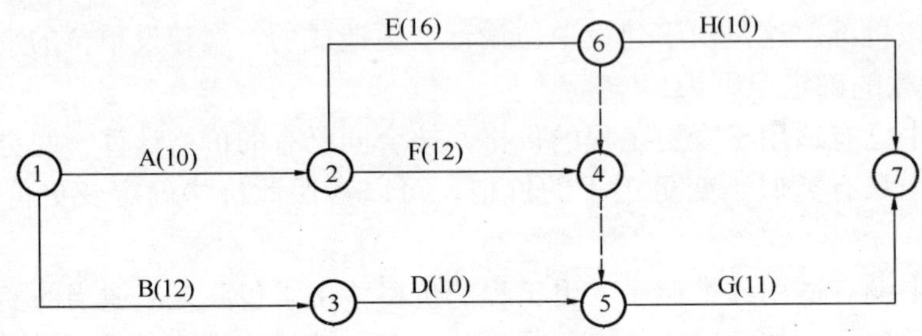

图6-3　承包商提交的施工网络进度计划

施工过程中发生了如下事件：

事件1：清单中D工作的综合单价为450元/m³，在D工作开始之前，设计单位修改了设计，D工作的工程量由清单工程量4000m³增加到4800m³，D工作工程量的增加导致相应措施费用增加2500元。

事件2：在E工作施工中，承包商采购了业主推荐的某设备制造厂生产的工程设备，设备到场后检验法相缺少一关键配件，使该设备无法正常安装，导致E工作作业时间拖延2d，窝工人工费损失2000元，窝工机械费随时1500元。

事件3：H工作是一项装饰工程，其饰面石材由业主从外地采购，由石材厂家供货至现场，但因石材厂所在地连续遭遇季节性大雨，使得石材运至现场的时间拖延，造成H工作晚开始5d，窝工人工费损失8000元，窝工机械费损失3000元。

问题：

1. 该施工网络进度计划的关键工作有哪些？H工作的总时差为几天？

2. 指出业主草拟的合同条款中有哪些不妥之处，简要说明如何修改。

3. 对于事件1，经业主与承包商协商确定，D工作全部工程量按综合单价430元/m³结算，承包商是否可向业主进行工期和费用索赔？为什么？若可以索赔，工期和费用索赔各是多少？

4. 对于事件2，承包商是否可向业主进行工期和费用索赔？为什么？若可以索赔，工期和费用索赔各是多少？

5. 对于事件3，承包商是否可向业主进行工期和费用索赔？为什么？若可以索赔，工期和费用索赔各是多少？

解答：

1. 由图6-3可知，关键线路为①→②→④→⑥→⑦，关键工作为A、E、G；

H工作的时差 TFH＝37－36＝1d

2. 条款（1）不妥之处：新的综合单价由监理工程师提出。

修改：当工程量的变化幅度在10%以外，且影响分部分项工程费超过0.1%时，由承包人对增加的工程量或减少后剩余的工程量提出新的综合单价和措施项目费，经发包人确认后调整合同价格。

条款（2）不妥之处：专业工程措施费不予调整。

修改：因分部分项工程量清单漏项或非承包人原因的工程变更，引起措施项目发生变化，造成施工组织设计或施工方案变更，原措施费中已有的措施项目，按原有措施费的组价方法调整；原措施费中没有的措施项目，由承包人根据措施项目变更情况，提出适当的措施费变更，经发包人确认后调整。

条款（4）不妥之处：发生极其恶劣的不利自然条件，属于不可抗力事件，承包商承担损失费。

修改：如果施工过程中发生极其恶劣的不利自然条件，工期顺延，损失费用自理，第三方伤亡由发包方承担。

3. 事件1承包商可增加的工程价款：

(4800×430－4000×450＋2500)×(1＋3.3%)×(1＋3.4%)＝284654.51元。

设D工作时间延长x天，则：4000∶10＝800∶x，x＝2d。

但由于D工作的总时差：TF＝37－31＝6d，故不增加工期。

4. 不可索赔。因为设备及关键配件是承包商采购供应的，承包商承担责任。

5. 可以索赔。因为饰面石材是业主采购供应的，业主应承担责任。

费用索赔(8000＋3000)×(1＋3.3%)×(1＋3.4%)＝11749.34元；

由于H工作的时差TF＝37－36＝1d，所以工期索赔5－1＝4d。

附　　录

附录一

建设工程价款结算暂行办法

财政部　建设部　财建（2004）369号

第一章　总　　则

第一条　为加强和规范建设工程价款结算，维护建设市场正常秩序，根据《中华人民共和国合同法》、《中华人民共和国建筑法》、《中华人民共和国招标投标法》、《中华人民共和国预算法》、《中华人民共和国政府采购法》、《中华人民共和国预算法实施条例》等有关法律、行政法规制订本办法。

第二条　凡在中华人民共和国境内的建设工程价款结算活动，均适用本办法。国家法律法规另有规定的，从其规定。

第三条　本办法所称建设工程价款结算（以下简称“工程价款结算”），是指对建设工程的发承包合同价款进行约定和依据合同约定进行工程预付款、工程进度款、工程竣工价款结算的活动。

第四条　国务院财政部门、各级地方政府财政部门和国务院建设行政主管部门、各级地方政府建设行政主管部门在各自职责范围内负责工程价款结算的监督管理。

第五条　从事工程价款结算活动，应当遵循合法、平等、诚信的原则，并符合国家有关法律、法规和政策。

第二章　工程合同价款的约定与调整

第六条　招标工程的合同价款应当在规定时间内，依据招标文件、中标人的投标文件，由发包人与承包人（以下简称“发、承包人”）订立书面合同约定。

非招标工程的合同价款依据审定的工程预（概）算书由发、承包人在合同中约定。

合同价款在合同中约定后，任何一方不得擅自改变。

第七条　发包人、承包人应当在合同条款中对涉及工程价款结算的下列事项进行约定：

（一）预付工程款的数额、支付时限及抵扣方式；

（二）工程进度款的支付方式、数额及时限；

（三）工程施工中发生变更时，工程价款的调整方法、索赔方式、时限要求及金额支付方式；

（四）发生工程价款纠纷的解决方法；

（五）约定承担风险的范围及幅度以及超出约定范围和幅度的调整办法；

（六）工程竣工价款的结算与支付方式、数额及时限；

（七）工程质量保证（保修）金的数额、预扣方式及时限；

（八）安全措施和意外伤害保险费用；

（九）工期及工期提前或延后的奖惩办法；

（十）与履行合同、支付价款相关的担保事项。

第八条 发、承包人在签订合同时对于工程价款的约定，可选用下列一种约定方式：

（一）固定总价。合同工期较短且工程合同总价较低的工程，可以采用固定总价合同方式。

（二）固定单价。双方在合同中约定综合单价包含的风险范围和风险费用的计算方法，在约定的风险范围内综合单价不再调整。风险范围以外的综合单价调整方法，应当在合同中约定。

（三）可调价格。可调价格包括可调综合单价和措施费等，双方应在合同中约定综合单价和措施费的调整方法，调整因素包括：

1. 法律、行政法规和国家有关政策变化影响合同价款；

2. 工程造价管理机构的价格调整；

3. 经批准的设计变更；

4. 发包人更改经审定批准的施工组织设计（修正错误除外）造成费用增加；

5. 双方约定的其他因素。

第九条 承包人应当在合同规定的调整情况发生后 14 天内，将调整原因、金额以书面形式通知发包人，发包人确认调整金额后将其作为追加合同价款，与工程进度款同期支付。发包人收到承包人通知后 14 天内不予确认也不提出修改意见，视为已经同意该项调整。

当合同规定的调整合同价款的调整情况发生后，承包人未在规定时间内通知发包人，或者未在规定时间内提出调整报告，发包人可以根据有关资料，决定是否调整和调整的金额，并书面通知承包人。

第十条 工程设计变更价款调整

（一）施工中发生工程变更，承包人按照经发包人认可的变更设计文件，进行变更施工，其中，政府投资项目重大变更，需按基本建设程序报批后方可施工。

（二）在工程设计变更确定后 14 天内，设计变更涉及工程价款调整的，由承包人向发包人提出，经发包人审核同意后调整合同价款。变更合同价款按下列方法进行：

1. 合同中已有适用于变更工程的价格，按合同已有的价格变更合同价款；

2. 合同中只有类似于变更工程的价格，可以参照类似价格变更合同价款；

3. 合同中没有适用或类似于变更工程的价格，由承包人或发包人提出适当的变更价格，经对方确认后执行。如双方不能达成一致的，双方可提请工程所在地工程造价管理机构进行咨询或按合同约定的争议或纠纷解决程序办理。

（三）工程设计变更确定后 14 天内，如承包人未提出变更工程价款报告，则发包人可根据所掌握的资料决定是否调整合同价款和调整的具体金额。重大工程变更涉及工程价款变更报告和确认的时限由发承包双方协商确定。

收到变更工程价款报告一方，应在收到之日起 14 天内予以确认或提出协商意见，自变更工程价款报告送达之日起 14 天内，对方未确认也未提出协商意见时，视为变更工程价款报告已被确认。

确认增（减）的工程变更价款作为追加（减）合同价款与工程进度款同期支付。

第三章　工 程 价 款 结 算

第十一条　工程价款结算应按合同约定办理，合同未作约定或约定不明的，发、承包双方应依照下列规定与文件协商处理：

（一）国家有关法律、法规和规章制度；

（二）国务院建设行政主管部门、省、自治区、直辖市或有关部门发布的工程造价计价标准、计价办法等有关规定；

（三）建设项目的合同、补充协议、变更签证和现场签证，以及经发、承包人认可的其他有效文件；

（四）其他可依据的材料。

第十二条　工程预付款结算应符合下列规定：

（一）包工包料工程的预付款按合同约定拨付，原则上预付比例不低于合同金额的 10%，不高于合同金额的 30%，对重大工程项目，按年度工程计划逐年预付。计价执行《建设工程工程量清单计价规范》（GB50500—2003）的工程，实体性消耗和非实体性消耗部分应在合同中分别约定预付款比例。

（二）在具备施工条件的前提下，发包人应在双方签订合同后的一个月内或不迟于约定的开工日期前的 7 天内预付工程款，发包人不按约定预付，承包人应在预付时间到期后 10 天内向发包人发出要求预付的通知，发包人收到通知后仍不按要求预付，承包人可在发出通知 14 天后停止施工，发包人应从约定应付之日起向承包人支付应付款的利息（利率按同期银行贷款利率计），并承担违约责任。

（三）预付的工程款必须在合同中约定抵扣方式，并在工程进度款中进行抵扣。

（四）凡是没有签订合同或不具备施工条件的工程，发包人不得预付工程款，不得以预付款为名转移资金。

第十三条　工程进度款结算与支付应当符合下列规定：

（一）工程进度款结算方式

1. 按月结算与支付。即实行按月支付进度款，竣工后清算的办法。合同工期在两个年度以上的工程，在年终进行工程盘点，办理年度结算。

2. 分段结算与支付。即当年开工、当年不能竣工的工程按照工程形象进度，划分不同阶段支付工程进度款。具体划分在合同中明确。

（二）工程量计算

1. 承包人应当按照合同约定的方法和时间，向发包人提交已完工程量的报告。发包人接到报告后14天内核实已完工程量，并在核实前1天通知承包人，承包人应提供条件并派人参加核实，承包人收到通知后不参加核实，以发包人核实的工程量作为工程价款支付的依据。发包人不按约定时间通知承包人，致使承包人未能参加核实，核实结果无效。

2. 发包人收到承包人报告后14天内未核实完工程量，从第15天起，承包人报告的工程量即视为被确认，作为工程价款支付的依据，双方合同另有约定的，按合同执行。

3. 对承包人超出设计图纸（含设计变更）范围和因承包人原因造成返工的工程量，发包人不予计量。

（三）工程进度款支付

1. 根据确定的工程计量结果，承包人向发包人提出支付工程进度款申请，14天内，发包人应按不低于工程价款的60%，不高于工程价款的90%向承包人支付工程进度款。按约定时间发包人应扣回的预付款，与工程进度款同期结算抵扣。

2. 发包人超过约定的支付时间不支付工程进度款，承包人应及时向发包人发出要求付款的通知，发包人收到承包人通知后仍不能按要求付款，可与承包人协商签订延期付款协议，经承包人同意后可延期支付，协议应明确延期支付的时间和从工程计量结果确认后第15天起计算应付款的利息（利率按同期银行贷款利率计）。

3. 发包人不按合同约定支付工程进度款，双方又未达成延期付款协议，导致施工无法进行，承包人可停止施工，由发包人承担违约责任。

第十四条　工程完工后，双方应按照约定的合同价款及合同价款调整内容以及索赔事项，进行工程竣工结算。

（一）工程竣工结算方式

工程竣工结算分为单位工程竣工结算、单项工程竣工结算和建设项目竣工总结算。

（二）工程竣工结算编审

1. 单位工程竣工结算由承包人编制，发包人审查；实行总承包的工程，由具体承包人编制，在总包人审查的基础上，发包人审查。

2. 单项工程竣工结算或建设项目竣工总结算由总（承）包人编制，发包人可直接进行审查，也可以委托具有相应资质的工程造价咨询机构进行审查。政府投资项目，由同级财政部门审查。单项工程竣工结算或建设项目竣工总结算经发、承包人签字盖章后有效。

承包人应在合同约定期限内完成项目竣工结算编制工作，未在规定期限内完成的并且提不出正当理由延期的，责任自负。

（三）工程竣工结算审查期限单项工程竣工后，承包人应在提交竣工验收报告的同时，向发包人递交竣工结算报告及完整的结算资料，发包人应按以下规定时限进行核对（审查）并提出审查意见。

工程竣工结算报告金额	审查时间
1. 500万元以下	从接到竣工结算报告和完整的竣工结算资料之日起20天
2. 500万元～2000万元	从接到竣工结算报告和完整的竣工结算资料之

日起 30 天

3. 2000 万元～5000 万元　　从接到竣工结算报告和完整的竣工结算资料之日起 45 天

4. 5000 万元以上　　从接到竣工结算报告和完整的竣工结算资料之日起 60 天

建设项目竣工总结算在最后一个单项工程竣工结算审查确认后 15 天内汇总，送发包人后 30 天内审查完成。

（四）工程竣工价款结算

发包人收到承包人递交的竣工结算报告及完整的结算资料后，应按本办法规定的期限（合同约定有期限的，从其约定）进行核实，给予确认或者提出修改意见。发包人根据确认的竣工结算报告向承包人支付工程竣工结算价款，保留 5%左右的质量保证（保修）金，待工程交付使用一年质保期到期后清算（合同另有约定的，从其约定），质保期内如有返修，发生费用应在质量保证（保修）金内扣除。

（五）索赔价款结算

发承包人未能按合同约定履行自己的各项义务或发生错误，给另一方造成经济损失的，由受损方按合同约定提出索赔，索赔金额按合同约定支付。

（六）合同以外零星项目工程价款结算

发包人要求承包人完成合同以外零星项目，承包人应在接受发包人要求的 7 天内就用工数量和单价、机械台班数量和单价、使用材料和金额等向发包人提出施工签证，发包人签证后施工，如发包人未签证，承包人施工后发生争议的，责任由承包人自负。

第十五条　发包人和承包人要加强施工现场的造价控制，及时对工程合同外的事项如实纪录并履行书面手续。凡由发、承包双方授权的现场代表签字的现场签证以及发、承包双方协商确定的索赔等费用，应在工程竣工结算中如实办理，不得因发、承包双方现场代表的中途变更改变其有效性。

第十六条　发包人收到竣工结算报告及完整的结算资料后，在本办法规定或合同约定期限内，对结算报告及资料没有提出意见，则视同认可。

承包人如未在规定时间内提供完整的工程竣工结算资料，经发包人催促后 14 天内仍未提供或没有明确答复，发包人有权根据已有资料进行审查，责任由承包人自负。

根据确认的竣工结算报告，承包人向发包人申请支付工程竣工结算款。发包人应在收到申请后 15 天内支付结算款，到期没有支付的应承担违约责任。承包人可以催告发包人支付结算价款，如达成延期支付协议，承包人应按同期银行贷款利率支付拖欠工程价款的利息。如未达成延期支付协议，承包人可以与发包人协商将该工程折价，或申请人民法院将该工程依法拍卖，承包人就该工程折价或者拍卖的价款优先受偿。

第十七条　工程竣工结算以合同工期为准，实际施工工期比合同工期提前或延后，发、承包双方应按合同约定的奖惩办法执行。

第四章　工程价款结算争议处理

第十八条　工程造价咨询机构接受发包人或承包人委托，编审工程竣工结算，应按合同约定和实际履约事项认真办理，出具的竣工结算报告经发、承包双方签字后生效。当事人一方对报告有异议的，可对工程结算中有异议部分，向有关部门申请咨询后协商处理，若不能达成一致的，双方可按合同约定的争议或纠纷解决程序办理。

第十九条 发包人对工程质量有异议，已竣工验收或已竣工未验收但实际投入使用的工程，其质量争议按该工程保修合同执行；已竣工未验收且未实际投入使用的工程以及停工、停建工程的质量争议，应当就有争议部分的竣工结算暂缓办理，双方可就有争议的工程委托有资质的检测鉴定机构进行检测，根据检测结果确定解决方案，或按工程质量监督机构的处理决定执行，其余部分的竣工结算依照约定办理。

第二十条 当事人对工程造价发生合同纠纷时，可通过下列办法解决：

（一）双方协商确定；

（二）按合同条款约定的办法提请调解；

（三）向有关仲裁机构申请仲裁或向人民法院起诉。

第五章 工程价款结算管理

第二十一条 工程竣工后，发、承包双方应及时办清工程竣工结算，否则，工程不得交付使用，有关部门不予办理权属登记。

第二十二条 发包人与中标的承包人不按照招标文件和中标的承包人的投标文件订立合同的，或者发包人、中标的承包人背离合同实质性内容另行订立协议，造成工程价款结算纠纷的，另行订立的协议无效，由建设行政主管部门责令改正，并按《中华人民共和国招标投标法》第五十九条进行处罚。

第二十三条 接受委托承接有关工程结算咨询业务的工程造价咨询机构应具有工程造价咨询单位资质，其出具的办理拨付工程价款和工程结算的文件，应当由造价工程师签字，并应加盖执业专用章和单位公章。

第六章 附 则

第二十四条 建设工程施工专业分包或劳务分包，总（承）包人与分包人必须依法订立专业分包或劳务分包合同，按照本办法的规定在合同中约定工程价款及其结算办法。

第二十五条 政府投资项目除执行本办法有关规定外，地方政府或地方政府财政部门对政府投资项目合同价款约定与调整、工程价款结算、工程价款结算争议处理等事项，如另有特殊规定的，从其规定。

第二十六条 凡实行监理的工程项目，工程价款结算过程中涉及监理工程师签证事项，应按工程监理合同约定执行。

第二十七条 有关主管部门、地方政府财政部门和地方政府建设行政主管部门可参照本办法，结合本部门、本地区实际情况，另行制订具体办法，并报财政部、建设部备案。

第二十八条 合同示范文本内容如与本办法不一致，以本办法为准。

第二十九条 本办法自公布之日起施行。

附录二

关于印发《建筑安装工程费用项目组成》的通知

建标［2003］206号

各省、自治区建设厅、财政厅，直辖市建委、财政局，国务院有关部门：

为了适应工程计价改革工作的需要，按照国家有关法律、法规，并参照国际惯例，在总结建设部、中国人民建设银行《关于调整建筑安装工程费用项目组成的若干规定》（建标［1993］894号）执行情况的基础上，我们制定了《建筑安装工程费用项目组成》（以下简称《费用项目组成》），现印发给你们。为了便于各地区、各部门做好《费用项目组成》发布后的贯彻实施工作，现将《费用项目组成》主要调整内容和贯彻实施有关事项通知如下：

一、《费用项目组成》调整的主要内容：

（一）建筑安装工程费由直接费、间接费、利润和税金组成。

（二）为适应建筑安装工程招标投标竞争定价的需要，将原其他直接费和临时设施费以及原直接费中属工程非实体消耗费用合并为措施费。措施费可根据专业和地区的情况自行补充。

（三）将原其他直接费项下对建筑材料、构件和建筑安装物进行一般鉴定、检查所发生的检验试验费列入材料费。

（四）将原现场管理费、企业管理费、财务费和其他费用合并为间接费。根据国家建立社会保障体系的有关要求，在规费中列出社会保障相关费用。

（五）原计划利润改为利润。

二、为了指导各部门、各地区依据《费用项目组成》开展费用标准测算等工作，我们统一了《建筑安装工程费用参考计算方法》和《建筑安装工程计价程序》（详见附件一、附件二）。

三、《费用项目组成》自2004年1月1日起施行。原建设部、中国人民建设银行《关于调整建筑安装工程费用项目组成的若干规定》（建标［1993］894号）同时废止。

《费用项目组成》在施行中的有关问题和意见，请及时反馈给建设部标准定额司和财政部经济建设司。

附件一：建筑安装工程费用参考计算方法

附件二：建筑安装工程计价程序

建设部　财政部

二〇〇三年十月十五日

建筑安装工程费用项目组成

建筑安装工程费由直接费、间接费、利润和税金组成（见附表）。

一、直接费

由直接工程费和措施费组成。

（一）直接工程费：是指施工过程中耗费的构成工程实体的各项费用，包括人工费、材料费、施工机械使用费。

1. 人工费：是指直接从事建筑安装工程施工的生产工人开支的各项费用，内容包括：

（1）基本工资：是指发放给生产工人的基本工资。

（2）工资性补贴：是指按规定标准发放的物价补贴，煤、燃气补贴，交通补贴，住房补贴，流动施工津贴等。

（3）生产工人辅助工资：是指生产工人年有效施工天数以外非作业天数的工资，包括职工学习、培训期间的工资，调动工作、探亲、休假期间的工资，因气候影响的停工工资，女工哺乳时间的工资，病假在六个月以内的工资及产、婚、丧假期的工资。

（4）职工福利费：是指按规定标准计提的职工福利费。

（5）生产工人劳动保护费：是指按规定标准发放的劳动保护用品的购置费及修理费，徒工服装补贴，防暑降温费，在有碍身体健康环境中施工的保健费用等。

2. 材料费：是指施工过程中耗费的构成工程实体的原材料、辅助材料、构配件、零件、半成品的费用。内容包括：

（1）材料原价（或供应价格）。

（2）材料运杂费：是指材料自来源地运至工地仓库或指定堆放地点所发生的全部费用。

（3）运输损耗费：是指材料在运输装卸过程中不可避免的损耗。

（4）采购及保管费：是指为组织采购、供应和保管材料过程中所需要的各项费用。

包括：采购费、仓储费、工地保管费、仓储损耗。

（5）检验试验费：是指对建筑材料、构件和建筑安装物进行一般鉴定、检查所发生的费用，包括自设试验室进行试验所耗用的材料和化学药品等费用。不包括新结构、新材料的试验费和建设单位对具有出厂合格证明的材料进行检验，对构件做破坏性试验及其他特殊要求检验试验的费用。

3. 施工机械使用费：是指施工机械作业所发生的机械使用费以及机械安拆费和场外运费。

施工机械台班单价应由下列七项费用组成：

（1）折旧费：指施工机械在规定的使用年限内，陆续收回其原值及购置资金的时间价值。

（2）大修理费：指施工机械按规定的大修理间隔台班进行必要的大修理，以恢复其正常功能所需的费用。

（3）经常修理费：指施工机械除大修理以外的各级保养和临时故障排除所需的费用。包括为保障机械正常运转所需替换设备与随机配备工具附具的摊销和维护费用，机械运转中日常保养所需润滑与擦拭的材料费用及机械停滞期间的维护和保养费用等。

(4) 安拆费及场外运费：安拆费指施工机械在现场进行安装与拆卸所需的人工、材料、机械和试运转费用以及机械辅助设施的折旧、搭设、拆除等费用；场外运费指施工机械整体或分体自停放地点运至施工现场或由一施工地点运至另一施工地点的运输、装卸、辅助材料及架线等费用。

(5) 人工费：指机上司机（司炉）和其他操作人员的工作日人工费及上述人员在施工机械规定的年工作台班以外的人工费。

(6) 燃料动力费：指施工机械在运转作业中所消耗的固体燃料（煤、木柴）、液体燃料（汽油、柴油）及水、电等。

(7) 养路费及车船使用税：指施工机械按照国家规定和有关部门规定应缴纳的养路费、车船使用税、保险费及年检费等。

（二）措施费：是指为完成工程项目施工，发生于该工程施工前和施工过程中非工程实体项目的费用。

包括内容：

1. 环境保护费：是指施工现场为达到环保部门要求所需要的各项费用。

2. 文明施工费：是指施工现场文明施工所需要的各项费用。

3. 安全施工费：是指施工现场安全施工所需要的各项费用。

4. 临时设施费：是指施工企业为进行建筑工程施工所必须搭设的生活和生产用的临时建筑物、构筑物和其他临时设施费用等。

临时设施包括：临时宿舍、文化福利及公用事业房屋与构筑物，仓库、办公室、加工厂以及规定范围内道路、水、电、管线等临时设施和小型临时设施。

临时设施费用包括：临时设施的搭设、维修、拆除费或摊销费。

5. 夜间施工费：是指因夜间施工所发生的夜班补助费、夜间施工降效、夜间施工照明设备摊销及照明用电等费用。

6. 二次搬运费：是指因施工场地狭小等特殊情况而发生的二次搬运费用。

7. 大型机械设备进出场及安拆费：是指机械整体或分体自停放场地运至施工现场或由一个施工地点运至另一个施工地点，所发生的机械进出场运输及转移费用及机械在施工现场进行安装、拆卸所需的人工费、材料费、机械费、试运转费和安装所需的辅助设施的费用。

8. 混凝土、钢筋混凝土模板及支架费：是指混凝土施工过程中需要的各种钢模板、木模板、支架等的支、拆、运输费用及模板、支架的摊销（或租赁）费用。

9. 脚手架费：是指施工需要的各种脚手架搭、拆、运输费用及脚手架的摊销（或租赁）费用。

10. 已完工程及设备保护费：是指竣工验收前，对已完工程及设备进行保护所需费用。

11. 施工排水、降水费：是指为确保工程在正常条件下施工，采取各种排水、降水措施所发生的各种费用。

二、间接费

由规费、企业管理费组成。

（一）规费：是指政府和有关权力部门规定必须缴纳的费用（简称规费）。包括：

1. 工程排污费：是指施工现场按规定缴纳的工程排污费。

2. 工程定额测定费：是指按规定支付工程造价（定额）管理部门的定额测定费。

3. 社会保障费

（1）养老保险费：是指企业按规定标准为职工缴纳的基本养老保险费。

（2）失业保险费：是指企业按照国家规定标准为职工缴纳的失业保险费。

（3）医疗保险费：是指企业按照规定标准为职工缴纳的基本医疗保险费。

4. 住房公积金：是指企业按规定标准为职工缴纳的住房公积金。

5. 危险作业意外伤害保险：是指按照建筑法规定，企业为从事危险作业的建筑安装施工人员支付的意外伤害保险费。

（二）企业管理费：是指建筑安装企业组织施工生产和经营管理所需费用。

内容包括：

1. 管理人员工资：是指管理人员的基本工资、工资性补贴、职工福利费、劳动保护费等。

2. 办公费：是指企业管理办公用的文具、纸张、帐表、印刷、邮电、书报、会议、水电、烧水和集体取暖（包括现场临时宿舍取暖）用煤等费用。

3. 差旅交通费：是指职工因公出差、调动工作的差旅费、住勤补助费，市内交通费和误餐补助费，职工探亲路费，劳动力招募费，职工离退休、退职一次性路费，工伤人员就医路费，工地转移费以及管理部门使用的交通工具的油料、燃料、养路费及牌照费。

4. 固定资产使用费：是指管理和试验部门及附属生产单位使用的属于固定资产的房屋、设备仪器等的折旧、大修、维修或租赁费。

5. 工具用具使用费：是指管理使用的不属于固定资产的生产工具、器具、家具、交通工具和检验、试验、测绘、消防用具等的购置、维修和摊销费。

6. 劳动保险费：是指由企业支付离退休职工的易地安家补助费、职工退职金、六个月以上的病假人员工资、职工死亡丧葬补助费、抚恤费、按规定支付给离休干部的各项经费。

7. 工会经费：是指企业按职工工资总额计提的工会经费。

8. 职工教育经费：是指企业为职工学习先进技术和提高文化水平，按职工工资总额计提的费用。

9. 财产保险费：是指施工管理用财产、车辆保险。

10. 财务费：是指企业为筹集资金而发生的各种费用。

11. 税金：是指企业按规定缴纳的房产税、车船使用税、土地使用税、印花税等。

12. 其他：包括技术转让费、技术开发费、业务招待费、绿化费、广告费、公证费、法律顾问费、审计费、咨询费等。

三、利润

是指施工企业完成所承包工程获得的盈利。

四、税金

是指国家税法规定的应计入建筑安装工程造价内的营业税、城市维护建设税及教育费附加等。

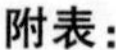

附表：　　**建筑安装工程费用项目组成表**

- 建筑安装工程费
  - 直接费
    - 直接工程费
      - 1. 人工费
      - 2. 材料费
      - 3. 施工机械使用费
    - 措施费
      - 1. 环境保护费
      - 2. 文明施工费
      - 3. 安全施工费
      - 4. 临时设施费
      - 5. 夜间施工费
      - 6. 二次搬运费
      - 7. 大型机械设备进出场及安拆费
      - 8. 混凝土、钢筋混凝土模板及支架费
      - 9. 脚手架费
      - 10. 已完工程及设备保护费
      - 11. 施工排水、降水费
  - 间接费
    - 规费
      - 1. 工程排污费
      - 2. 工程定额测定费
      - 3. 社会保障费
      - （1）养老保险费
      - （2）失业保险费
      - （3）医疗保险费
      - 4. 住房公积金
      - 5. 危险作业意外伤害保险
    - 企业管理费
      - 1. 管理人员工资
      - 2. 办公费
      - 3. 差旅交通费
      - 4. 固定资产使用费、企业管理费
      - 5. 工具用具使用费
      - 6. 劳动保险费
      - 7. 工会经费
      - 8. 职工教育经费
      - 9. 财产保险费
      - 10. 财务费
      - 11. 税金
      - 12. 其他
  - 税润、税金

附件一：

建筑安装工程费用参考计算方法

各组成部分参考计算公式如下：

一、直接费

（一）直接工程费

直接工程费＝人工费＋材料费＋施工机械使用费

1. 人工费

人工费＝Σ(工日消耗量×日工资单价)

日工资单价(G)＝G

(1) 基本工资

$$基本工资(G_1)=\frac{生产工人平均月工资}{年平均每月法定工作日}$$

(2) 工资性补贴

$$工作性补贴(G_2)=\frac{\Sigma年发放标准}{全年日历日-法定假日}+\frac{\Sigma月发放标准}{年平均每月法定工作日+每工作日发放标准}$$

(3) 生产工人辅助工资

$$生产工人辅助工资(G_3)=\frac{全年无效工作日\times(G_1+G_2)}{全年日历-法定假日}$$

(4) 职工福利费

职工福利费(G_4)＝(G_1＋G_2＋G_3)×福利费计提比例(％)

(5) 生产工人劳动保护费

$$生产工人劳动保护费(G_5)=\frac{生产工人年均支出劳动保护费}{全年日历-法定假日}$$

2. 材料费

材料费＝Σ(材料消耗量×材料基价)＋检验试验费

(1) 材料基价

材料基价＝[(供应价格×运杂费)＋(1＋运输损耗量％)]×(1＋采购管理率％)

(2) 检验试验费

检验试验费＝Σ(施工机械台班消耗量×机械台班单价)

3. 施工机械使用费

机械台班单价＝台班折旧费＋台班大修费＋台班经常修理费＋台班安拆费及场外运费＋台班人工费＋台班燃料动力费＋台班养路费及车船使用税

(二) 措施费

本规则中只列通用措施费项目的计算方法，各专业工程的专用措施费项目的计算方法由各地区或国务院有关专业主管部门的工程造价管理机构自行制定。

1. 环境保护

环境保护费＝直接工程费×环境保护费费率(％)

$$环境保护费费率(\%)=\frac{本项费用年度平均支出}{全年建安产值\times直接工程费占总造价比例(\%)}$$

2. 文明施工

文明施工费＝直接工程费×文明施工费费率(％)

$$文明施工费费率(\%)=\frac{本项费用年度平均支出}{全年建安产值\times直接工程费占总造价比例(\%)}$$

3. 安全施工

安全施工费＝直接工程费×安全施工费费率(％)

安全施工费费率(%)$=\frac{\text{本项费用年度平均支出}}{\text{全年建安产值}\times\text{直接工程费占总造价比例}(\%)}$

4. 临时设施费

临时设施费由以下三部分组成:

(1) 周转使用临建(如,活动房屋);

(2) 一次性使用临建(如,简易建筑);

(3) 其他临时设施(如,临时管线)。

临时设施费=(周转使用临建费+一次性使用临建费)×[1+其他临时设施所占比例(%)]

其中:

①周转使用临建费

$$\text{周转使用临建费}=\Sigma\left[\frac{\text{临时面积}\times\text{每平方米造价}}{\text{使用年限}\times365\times\text{利用率}(\%)}\times\text{工期(天)}\right]+\text{一次性拆除费}$$

②一次性使用临建费

一次性使用临建费=Σ临建面积×每平方米造价×[1-残值率(%)]+一次性拆除费

③其他临时设施在临时设施费中所占比例,可由各地区造价管理部门依据典型施工企业的成本资料经分析后综合测定。

5. 夜间施工增加费

$$\text{夜间施工增加费}=\left(1-\frac{\text{合同工期}}{\text{定额工期}}\right)\times\frac{\text{直接工程费中的人工费合计}}{\text{平均日工资单价}}\times\text{每工日夜间施工费开支}$$

6. 二次搬运费

二次搬运费=直接工程费×二次搬运费费率(%)

$$\text{二次搬运费费率}(\%)=\frac{\text{年平均二次搬运费开支额}}{\text{全年建安产值}\times\text{直接工程费占总造价比例}(\%)}$$

7. 大型机械进出场及安拆费

$$\text{大型机械进出场及安拆费}=\frac{\text{一次性进出场及安拆费}\times\text{年平均安拆次数}}{\text{年工作台班}}$$

8. 混凝土、钢筋混凝土模板及支架

(1) 模板及支架费=模板摊销量×模板价格+支、拆、运输费

摊销量=一次使用量×(1+施工损耗)×[1+(周转次数-1)×补损率/周转次数-(1-补损率)50%/周转次数]

(2) 租赁费=模板使用量×使用日期×租赁价格+支、拆、运输费

9. 脚手架搭拆费

(1) 脚手架搭拆费=脚手架摊销量×脚手架价格+搭、拆、运输费

$$\text{脚手架摊销量}=\frac{\text{单位一次性使用量}\times(1-\text{残值率})}{\text{耐周期}\div\text{一次性使用期}}$$

(2) 租赁费=脚手架每日租金×搭设周期+搭、拆、运输费

10. 已完工程及设备保护费

已完工程及设备保护费=成品保护所需机械费+材料费+人工费

11. 施工排水、降水费

排水降水费$=\Sigma$排水降水机械台班费×排水降水周期+排水降水使用材料费、人工费

二、间接费

间接费的计算方法按取费基数的不同分为以下三种：

(一) 以直接费为计算基础

间接费=直接费合计×间接费费率(%)

(二) 以人工费和机械费合计为计算基础

间接费=人工费和机械费合计×间接费费率(%)

间接费费率(%)=规费费率(%)+企业管理费费率(%)

(三) 以人工费为计算基础

间接费=人工费合计×间接费费率(%)

1. 规费费率

根据本地区典型工程发承包价的分析资料综合取定规费计算中所需数据；

(1) 每万元发承包价中人工费含量和机械费含量。

(2) 人工费占直接费的比例。

(3) 每万元发承包价中所含规费缴纳标准的各项基数。

规费费率的计算公式：

Ⅰ　以直接费为计算基础

$$\text{规费费率}(\%)=\frac{\Sigma\text{规费缴纳标准}\times\text{每万元发承包价计算基数}}{\text{每万元发承包价中的人工费含量}}\times\text{人工费占直接费的比例}(\%)$$

Ⅱ　以人工费和机械费合计为计算基础

$$\text{规费费率}(\%)=\frac{\Sigma\text{规费缴纳标准}\times\text{每万元发承包价计算基数}}{\text{每万元发承包价中人工费含量和机械费含量}}\times100\%$$

Ⅲ　以人工费为计算基础

$$\text{规费费率}(\%)=\frac{\Sigma\text{规费缴纳标准}\times\text{每万元发承包价计算基数}}{\text{每万元发承包价中的人工费含量}}\times100\%$$

2. 企业管理费费率

企业管理费费率计算公式：

Ⅰ　以直接费为计算基础

$$\text{企业管理费费率}(\%)=\frac{\text{生产工人年平均管理费}}{\text{年有效施工天数}\times\text{人工单价}}\times\text{人工费占直接费比例}(\%)$$

Ⅱ　以人工费和机械费合计为计算基础

$$\text{企业管理费费率}(\%)=\frac{\text{生产工人年平均管理费}}{\text{年有效施工天数}\times(\text{人工单价}+\text{每一日机械使用费})}\times100\%$$

Ⅲ　以人工费为计算基础

$$\text{企业管理费费率}(\%)=\frac{\text{生产工人年平均管理费}}{\text{年有效施工天数}\times\text{人工单价}}\times100\%$$

三、利润

利润计算公式

见附件二　建筑安装工程计价程序

四、税金

税金计算公式

税金=(税前造价+利润)×税率(%)

税率

(一) 纳税地点在市区的企业

$$税率(\%)=\frac{1}{1-3\%-(3\%\times7\%)-(3\%\times3\%)}-1$$

(二) 纳税地点在县城、镇的企业

$$税率(\%)=\frac{1}{1-3\%-(3\%\times5\%)-(3\%\times3\%)}-1$$

(三) 纳税地点不在市区、县城、镇的企业

$$税率(\%)=\frac{1}{1-3\%-(3\%\times1\%)-(3\%\times3\%)}-1$$

附件二:

建筑安装工程计价程序

根据建设部第107号部令《建筑工程施工发包与承包计价管理办法》的规定，发包与承包价的计算方法分为工料单价法和综合单价法，程序为:

一、工料单价法计价程序

工料单价法是以分部分项工程量乘以单价后的合计为直接工程费，直接工程费以人工、材料、机械的消耗量及其相应价格确定。直接工程费汇总后另加间接费、利润、税金生成工程发承包价，其计算程序分为三种:

1. 以直接费为计算基础

序　号	费用项目	结算方法	备　注
1	直接工程费	按预算表	
2	措施费	按规定标准计算	
3	小计	(1)+(2)	
4	间接费	(3)×相应费率	
5	利润	[(3)+(4)]×相应利润率	
6	合计	(3)+(4)+(5)	
7	含税造价	(6)×(1+相应税率)	

2. 以人工费和机械费为计算基础

序　号	费用项目	结算方法	备　注
1	直接工程费	按预算表	
2	其中人工费和机械费	按预算表	
3	措施费	按规定标准计算	
4	其中人工费和机械费	按规定标准计算	
5	小计	(1)+(3)	
6	人工费和机械费小计	(2)+(4)	
7	间接费	(6)×相应费率	
8	利润	(6)×相应利润率	
9	合计	(5)+(7)+(8)	
10	含税造价	(9)×(1+相应税率)	

3. 以人工费为计算基础

序　号	费用项目	结算方法	备　注
1	直接工程费	按预算表	
2	直接工程费中人工费	按预算表	
3	措施费	按规定标准计算	
4	措施费中人工费	按规定标准计算	
5	小计	(1)+(3)	
6	人工费小计	(2)+(4)	
7	间接费	(6)×相应费率	
8	利润	(6)×相应利润率	
9	合计	(5)+(7)+(8)	
10	含税造价	(9)×(1+相应税率)	

二、综合单价法计价程序

综合单价法是分部分项工程单价为全费用单价，全费用单价经综合计算后生成，其内容包括直接工程费、间接费、利润和税金（措施费也可按此方法生成全费用价格）。

各分项工程量乘以综合单价的合价汇总后，生成工程发承包价。

由于各分部分项工程中的人工、材料、机械含量的比例不同，各分项工程可根据其材料费占人工费、材料费、机械费合计的比例（以字母“C”代表该项比值）在以下三种计算程序中选择一种计算其综合单价。

（一）当$C>C_0$（C_0为本地区原费用定额测算所选典型工程材料费占人工费、材料费和机械费合计的比例）时，可采用以人工资、材料费、机械费合计为基数计算该分项的间接费和利润。

以直接费为计算基础；

序　号	费用项目	结算方法	备　注
1	分项直接工程费	人工费＋材料费＋机械费	
2	间接费	(1)×相应费率	
3	利润	［(1)＋(2)］×相应利润率	
4	合计	(1)＋(2)＋(3)	
5	含税造价	(4)×(1＋相应税率)	

(二)当$C<C_0$值的下限时，可采用以人工费和机械费合计为基础计算该分项的间接费和利润。

以人工费和机械费为计算基础；

序　号	费用项目	结算方法	备　注
1	分项直接工程费	人工费＋材料费＋机械费	
2	其中人工费和机械费	人工费＋机械费	
3	间接费	(2)×相应费率	
4	利润	(2)×相应利润率	
5	合计	(1)＋(3)＋(4)	
6	含税造价	(5)×(1＋相应税率)	

(三)如该分项的直接费仅为人工费，无材料费和机械费时，可采用以人工费为基数计算该分项的间接费和利润。

以人工费为计算基础；

序　号	费用项目	结算方法	备　注
1	分项直接工程费	人工费＋材料费＋机械费	
2	直接工程费中人工费	人工费	
3	间接费	(2)×相应费率	
4	利润	(2)×相应利润率	
5	合计	(1)＋(3)＋(4)	
6	含税造价	(5)×(1＋相应税率)	

附录三

关于执行《建设工程工程量清单计价规范》(GB 50500—2008)若干意见的通知

京造定[2009]7号

各有关单位：

为了促进建筑市场各方主体贯彻执行国家标准《建设工程工程量清单计价规范》(GB 50500—2008)(以下简称计价规范)，规范我市建设工程工程量清单计价行为，根据《关于贯彻实施〈建设工程工程量清单计价规范〉(GB 50500—2008)的通知》(京建市[2009]24号)。现结合我市工程造价管理的有关规定及2001年《北京市建设工程预算定额》(以下简称预算定额)，将执行计价规范中若干意见的通知发给你们，请遵照执行。

一、规费

发包方在编制招标文件以及发承包双方签订施工合同时，不得将规费作为竞争性费用。

招标人在编制招标控制价时，应按照"关于调整2001年《北京市建设工程预算定额》规费计算方法的有关规定"(京造定〔2009〕6号)中的相关规定计算。

投标人在投标报价时，应根据有关文件规定结合本企业缴费情况自行确定。

二、漏项及新增项目综合单价确定的原则

漏项是指在合同承包范围内的工作内容，且计价规范中有单独列项的要求，或按计价规范要求应当单独列项，但工程量清单中没有单独列项的项目。

对于漏项及新增项目等需要重新确定的综合单价(合同中没有适用或类似的综合单价)，发、承包双方必须在合同中对以下内容进行约定：消耗量确定的依据；人工、材料、机械单价的确定原则；综合单价中管理费、利润、风险费的取费标准等作出明确约定。若合同中未作约定时，漏项或新增项目综合单价按以下原则确定：

1. 消耗量：可依据现行定额相关项目及有关规定的消耗量确定。

2. 人工、材料、机械价格：按发、承包双方确认的市场价格或参照施工期《北京工程造价信息》中的价格确定。

3. 综合单价中各项取费标准：按相应项目原投标费率确定。

三、综合单价中一定范围内风险及幅度的约定

1. 风险范围和幅度的确定。

采用工程量清单计价的工程，应在招标文件或合同中明确风险内容及其范围、幅度，不得采用无限风险、所有风险或类似语句规定风险范围及幅度。主要材料以及人工和机械风险幅度在±3%～±6%区间内考虑。

2. 风险幅度变化确定原则。

变化幅度应以《北京工程造价信息》中的市场信息价格(以下简称造价信息价格)为依据，造价信息价格中有上、下限的，以下限为准，造价信息价格中没有的，按发、承包人

共同确认的市场价格为准。

施工期市场价格以发、承包人共同确认的价格(以下简称确认价格)为准。若发、承包人未能就共同确认价格达成一致，可以参考造价信息价格。

当投标报价时的单价低于投标报价期对应的造价信息价格时，按施工期确认价格或对应的造价信息价格与投标报价期对应的造价信息价格计算其变化幅度；当投标报价时的单价高于投标报价期对应的造价信息价格时，按施工期确认价格或对应的造价信息价格与投标报价时的价格计算其变化幅度。

3. 超过风险幅度的调整原则。

发、承包人应当在施工合同中约定市场价格变化幅度超过合同约定幅度的调整办法，可采用加权平均法、算术平均法或其他计算方法。

主要材料和机械市场价格的变化幅度小于或等于合同中约定的价格变化幅度时，不做调整；变化幅度大于合同中约定的价格变化幅度时，应当计算超过部分的价差，其价差由发包人承担或受益。

人工市场价格的变化幅度小于或等于合同中约定的价格变化幅度时，不做调整；变化幅度大于合同中约定的价格变化幅度时，其价差全部由发包人承担或受益。

人工、材料和机械计算后的差价只计取税金。

四、由于非承包人原因引起的工程量增减，该项工程量变化在合同约定幅度以内的，应执行原有的综合单价；该项工程量变化在合同约定幅度以外的，其综合单价应予以调整。发、承包双方应在合同中明确约定工程量变化幅度以及超过约定幅度时的调整方法。

五、工程计量的原则和规定

招标文件中的工程量清单标明的工程量是投标人投标报价的共同基础，工程计量及竣工结算的工程量按发、承包双方在合同中约定应予计量且实际完成的工程量确定。

工程计量时，若发现工程量清单中出现漏项、工程量计算偏差，以及工程变更引起工程量的增减，应按承包人在履行合同义务过程中实际完成的工程量计算，并在施工过程中随施工进度进行计量。

发、承包双方应在合同中对工程量的计量时间、程序、方法和要求做出明确约定；若双方在合同中未作明确约定时，应按计价规范有关规定执行。

六、总承包服务费的计取原则及标准

总承包服务费应依据招标人在招标文件中列出的分包专业工程内容，按照招标人提出的协调、配合与服务要求和施工现场管理需要自主确定。

1. 招标人仅要求投标人对分包工程进行总承包管理和协调时，投标人可按分包专业工程估算造价(不含设备费)的1.5%～2%计算。

2. 招标人要求投标人对分包工程进行总承包管理和协调，并同时要求提供配合服务时，根据招标文件中列出的配合服务内容，投标人可按分包专业工程估算造价(不含设备费)的3%～5%计算。

3. 竣工结算时，总承包服务费应按分包专业工程结算造价(不含设备费)及原投标费率进行调整。

七、发包人供应材料、设备的计价办法

发包人自行供应材料、设备，并运至承包人指定地点的。投标报价时应按材料、设备预算价格计入分部分项的综合单价内；结算时，承包人按计入综合单价的材料预算价格的99%退还发包人。不再计取总承包服务费。

八、暂估价

1. 材料暂估价：投标报价时，应按招标人在其他项目清单中列出的单价计入综合单价；编制竣工结算时，若是招标采购的，应按中标价调整；若为非招标采购的，应按发、承包双方最终确认的材料单价调整。材料暂估价价差只计取税金。

2. 专业工程暂估价：专业工程暂估价中应包括为满足专业工程施工所发生的专项施工措施费。结算时应按合同中约定的结算原则计算。

九、单位工程竣工结算汇总表

根据以上规定计价规范中表—07 修改为以下形式，详见下表。

单位工程竣工结算汇总表

工程名称：　　　　　　　　　　　　　　　　　　　　　　　　第　页　共　页

序　号	汇总内容	金额(元)
1	分部分项工程	
1.1		
1.2		
1.3		
2	措施项目	
2.1	安全文明施工费	
2.2		
2.3		
3	其他项目	
3.1	专业工程结算价	
3.2	计日工	
3.3	总承包服务费	
3.4	索赔与现场签证	
4	规费	
5	材料暂估价价差	
6	人工、材料、机械价差	
7	税金	
竣工结算总价合计=1+2+3+4+5+6+7		

表-07(改)

十、竣工结算书上报时限

发、承包双方依据相关文件办理竣工结算后 28 日内，发包方应将竣工结算书及电子版一份报北京市建设工程造价管理处备案。

十一、其他费用有关说明

1. 预算定额中的现场经费应列入综合单价中。

2. 材料二次搬运费。

预算定额基价中所包括的材料二次搬运费是指建筑材料、成品、半成品和构配件等场内外运输费。在编制工程量清单时，应列入分部分项工程量清单中；由于施工场地狭小(施工用地面积小于首层建筑面积三倍时)等特殊情况而发生的建筑材料、成品、半成品和构配件等施工现场外的二次搬运费用(包括运输及装卸费用)，则应列入措施项目清单中。

3. 冬雨季施工增加费。

预算定额基价中所包括的冬雨季施工增加费是指冬雨季施工期间防雨、保温、保证工程质量等所需费用以及冬雨季施工的人工降效。在编制工程量清单时，应列入分部分项工程量清单中；由于雨季防洪采取防洪措施或冬季施工采用的供暖措施所发生的费用，则应列入措施项目清单中。

4. 成品保护费。

预算定额基价中已包括了施工过程中的一般成品保护费用。在编制工程量清单时，应列入分部分项工程量清单中；对于竣工验收前，为已完工程及设备进行保护所采取的措施费用，则应列入措施项目清单中。

5. 工程水电费。

预算定额中建筑、地铁工程的工程水电费包括施工现场施工所消耗的全部水、电费；建筑工程机械施工及正常施工过程中夜间施工和施工场地照明所消耗的电费。

市政工程的工程水电费综合在各定额子目中。

在编制工程量清单时，应列入分部分项工程量清单中，可以单独编码列项，也可以综合到分部分项清单的各项目中。由于业主要求缩短工期，增加夜间施工等原因，夜间施工所发生的夜班补助费、夜间施工降效、夜间施工照明设备摊销费等费用，则应列入措施项目清单中。

6. 高层建筑超高费。

高层建筑超高费在编制工程量清单时，应列入措施项目清单范围。

建筑、装饰工程的高层建筑超高费在编制工程量清单时，可列入措施项目中的垂直运输机械费中，不再单独列清单项目；安装工程的高层建筑超高费可在措施项目中单独列项目。

十二、本通知自 2009 年 5 月 1 日起实施。2009 年 5 月 1 日前，招标文件已经备案或已签订合同的工程不再调整。

十三、《关于实施〈建设工程工程量清单计价规范〉有关问题的通知》（京造定〔2003〕5 号)、《关于北京市执行〈建设工程工程量清单计价规范〉有关问题的通知》（京造定〔2005〕3 号）文件同时废止。

二〇〇九年四月三十日

附录四

北京市建设委员会、北京市工商行政管理局关于实施《北京市房屋建筑和市政基础设施工程施工总承包合同示范文本》的通知

各区县建委、工商分局，各建设单位、施工企业，各相关单位：

为了规范我市房屋建筑和市政基础设施工程施工总承包合同签订活动，促进合同当事人按照公平、平等原则依法签订施工总承包合同，保护合同各方的合法权益，市建委与市工商局根据近年来《建设工程施工合同（示范文本）》（GF-1999-0201）使用过程中收集的合同各方主体的反馈意见，结合近年来颁布实施的相关法律法规和规范性文件，针对施工总承包合同签订活动中出现的新情况、新问题，联合编制了《北京市房屋建筑和市政基础设施工程施工总承包合同（示范文本）》（BF-2008-0207）。现将新版《示范文本》使用的有关问题通知如下：

一、新版示范文本适用于本市行政区域内依法招标的房屋建筑和市政基础设施工程施工总承包合同的签订。

二、各工商分局、建委要积极做好新版示范文本的宣传工作，引导合同当事人使用示范文本签订施工总承包合同。

三、各相关单位要注意收集新版示范文本使用过程中发现的问题，并及时向市建委、市工商局反馈。

四、合同当事人使用示范文本，可到北京市建设工程发包承包交易中心或各县区工商分局领取，也可以登录“北京工商网”（www. baic. gov. cn）、“北京建设网”（www. bjjs. go. cn）或“北京市建设工程信息网”（www. bcactc. com）下载。

五、新版示范文本自 2009 年 2 月 1 日起正式实施。

特此通知。

二〇〇九年一月八日

附件：

BF-2008-0207

合同编号：

北京市房屋建筑和市政基础设施工程施工总承包合同

北京市建设委员会
北京市工商行政管理局
二〇〇八年十二月

总 目 录

第一部分 合 同 协 议 书

发包人（全称）：________
承包人（全称）：________

依照《中华人民共和国合同法》、《中华人民共和国建筑法》等相关法律、法规、规章和规范性文件的规定，双方就本建设工程施工事项协商一致，达成如下协议：

一、工程概况

工程名称：________

工程地点：________

工程规模：________

工程立项批准文号：________

资金来源：________

二、承包范围

承包范围：________

三、合同价款

金额（大写）：________元（人民币）　　小写：________元

其中，安全防护、文明施工措施费为：（大写）：________元（人民币） 小写：________元。

四、合同工期

合同工期：____日历天

计划开工日期：____年 ____月 ____日

计划竣工日期：____年 ____月 ____日

五、质量标准

工程质量标准：合格。

六、合同文件

本协议书与下列文件一起构成合同文件：

1. 中标通知书；
2. 投标函及其附录；
3. 已标价的工程量清单（含暂估价的材料和工程设备损耗率表）；
4. 合同条款专用部分；
5. 合同条款通用部分；
6. 技术标准和要求；
7. 合同图纸。

双方在本合同履行中所共同签署或认可的符合现行法律、法规、规章及规范性文件，且符合本合同实质性约定的指令、洽商、纪要或同类性质的文件，均构成合同文件的有效补充。

七、承包人承诺按照本合同约定进行施工、竣工并在缺陷责任期内对工程缺陷承担维修责任。

八、发包人承诺按照本合同约定的条件、期限和方式向承包人支付合同价款。

九、合同生效

合同订立时间：____年 ____月 ____日

合同订立地点：____

双方约定____后本合同生效。

发包人：（盖章）	承包人：（盖章）
住所：	住所：
法定代表人：（签字或盖章）	法定代表人：（签字或盖章）
或委托代理人：（签字或盖章）	或委托代理人：（签字或盖章）
联系电话：	联系电话：
传真：	传真：
开户银行：	开户银行：
帐号：	帐号：
邮政编码：	邮政编码：

第二部分　中 标 通 知 书

注：采用招标方式时，招标过程中发包人向承包人发出的中标通知书应当置于合同相应位置；采用

直接发包方式时，无本部分。

第三部分　投标函及其附录

注：采用招标方式时，招标过程中承包人向发包人提交的投标函及其附录应当置于合同相应位置；采用直接发包方式时，无本部分。

第四部分　已标价的工程量清单

注：由承包人填入价格并为发包人所接受的工程量清单应当置于合同相应位置。

第五部分　合同条款通用部分

目　录

29. 工程计量
30. 合同价款
31. 变更
32. 变更的计价
33. 支付
34. 工程竣工
35. 工程移交
36. 竣工结算
37. 保修
38. 违约
39. 索赔
40. 保险
41. 保证担保
42. 不可抗力
43. 争议
44. 专利权
45. 地下文物
46. 严禁贿赂
47. 保密
48. 合同文件的修改
49. 文件版权
50. 合同效力及份数

合同条款通用部分

1. 一般规定

1.1 词语定义

除非"合同条款专用部分"另有约定，本合同中下列措词及用语应当具有本条款所赋予的含义。

1.1.1 本项目

指发包人根据政府有关部门签发的相关批准文件而建设的工程项目。

1.1.2 本工程

指承包人按照本合同约定负责实施、竣工和修补质量缺陷的本项日内的有关工程，包括合同文件约定的所有暂估价的专业分包工程和暂估价的材料和工程设备在内。

1.1.3 本合同

指发包人和承包人双方共同签署的本工程施工总承包合同。

1.1.4 合同文件

构成本合同的所有文件，即合同协议书中所约定的组成本合同的所有文件。

1.1.5 合同协议书

是由发包人和承包人共同签署的用于明确当事人合同关系的文件。

1.1.6 合同条款通用部分

是根据有关法律、法规规定，通用于房屋建筑和市政基础设施工程施工总承包活动，明确合同当事人主要权利义务的文件。

1.1.7 合同条款专用部分

是合同当事人根据本工程实际需要对合同条款通用部分的具体约定、补充和修订。

1.1.8 技术标准和要求

是根据法律法规、规章、规范性文件和行业规范的有关规定，用以明确现场条件、周围环境、承包范围、适用规范、技术等内容的文件。

1.1.9 合同图纸

指由发包人提供的招标图纸清单内所列出的图纸、招标过程颁发的招标补遗或修改图纸、图纸质疑函回复文件和合同履行中发包人确认及补充修改的图纸组成。

1.1.10 已标价的工程量清单

指已由承包人填入价格并为发包人所接受的工程量清单。

1.1.11 中标通知书

指招标人通知投标人为本工程中标人的函件。

1.1.12 发包人

指合同协议书中约定，具有工程发包主体资格和支付工程价款能力的当事人以及取得该当事人资格的合法继承人。

1.1.13 发包人代表

指由发包人任命的，在授权范围内代表发包人行使本合同约定的权利并履行约定义务的委托代理人。

1.1.14 承包人

指合同协议书中约定，被发包人接受的具有相关建设工程施工总承包主体资格的当事人以及取得该当事人资格的合法继承人。

1.1.15 承包人代表

指由承包人任命的，在授权范围内代表承包人行使本合同约定的权利并履行约定义务的委托代理人。

1.1.16 设计人

指发包人委托的负责本工程设计的当事人以及取得该当事人资格的合法继承人。

1.1.17 监理人

指发包人委托的负责本工程监理的当事人以及取得该当事人资格的合法继承人。

1.1.18 监理人代表

指由监理人任命的，代表监理人行使权力和履行义务的委托代理人。

1.1.19 永久工程

根据相关合同文件约定所需建设完成并移交给发包人的工程，包括相关的工程设备。

1.1.20 临时工程

指为完成合同约定的永久工程和修补任何质量缺陷所修建的各类临时性工程，不包括工程设备。

1.1.21 区段

指根据本工程的设计施工管理需要而将本工程划分的若干个施工段。本工程区段划分说明见“合同条款专用部分”。

1.1.22 工程设备

指合同文件中约定的构成或计划构成永久工程一部分的机械、仪器以及类似设备。

1.1.23 材料

指合同文件约定的用于永久工程的各类物品和物资，但工程设备除外。

1.1.24 施工机械设备

指为完成合同文件约定的各项工作所需要的机械、仪器以及类似设备，但不包括工程设备。

1.1.25 现场

指由发包人提供的用于实施本工程以及工程设备和材料运达的场所，以及在合同文件中明确指定作为现场组成部分的其他场所。

现场的具体地理位置及要求见“技术标准和要求”。

1.1.26 合同工期

指在合同协议书中约定的承包人完成本工程的期限。

1.1.27 开工日期

指发包人或发包人委托监理人发出的开工通知中所载明的开工日期。

1.1.28 竣工日期

指承包人按照合同文件的约定实施及完成本工程至合同条款约定的实际竣工标准的日期。

1.1.29 天（日）

指一个公历日，每连续的 24 小时按照一天计算。除非合同文件另有约定，合同文件内所说明的天数，均为日历天数。

1.1.30 合同价款

指发包人和承包人在合同协议书中约定，发包人用以支付承包人按照合同文件约定完成承包范围内全部工程并承担质量保修责任的款项。

1.1.31 费用

指为履行合同所发生的或将要发生的所有合理开支，包括企业管理费和应当合理分摊的其他支出，但不包括利润。

1.1.32 缺陷责任期

指工程实际竣工后，发包人和承包人按照合同文件的约定完成本工程质量缺陷修补所需的时间。

1.1.33 保修期

指承包人按照国家相关法律、法规、规章和规范性文件所规定的建设工程保修期要求全面履行工程保修责任的期限。

1.1.34 违约责任

指合同一方不履行合同义务或履行合同义务不符合约定所应当承担的责任。

1.1.35 不可抗力

指不能预见、不能避免且不能克服的客观情况。

1.2 解释

1.2.1 凡指当事人或当事人各方的词语，均指具有相应民事权利能力和民事行为能力的法人或其他组织。

1.2.2 本合同条款及其他合同文件中出现的标题只起索引和内容提示作用，标题本身不构成合同文件的一部分，在对合同文件进行解释时不应当考虑。

1.2.3 除非有特别指明是合同条款专用部分，凡合同文件中对合同条款编号的引用，无论是否已指明是合同条款通用部分，均是指合同条款通用部分，包括合同条款专用部分中对其的补充和修订。

1.3 书面形式

1.3.1 书面形式，是指手写、打字或印刷等可以有形地表现所载内容的形式。

1.3.2 除非合同文件另有约定，合同文件中的任何条款所述及的由任何人所发出或颁发的任何通知、批准、证明、证书、指示、要求、请求、同意、意见、确定和决定等，均应当是书面形式。

1.3.3 任何书面形式的通知、指示、同意、批准、证书及决定等，应当由人工送达并取得书面签收，或通过邮寄并保存邮局的邮寄证明，并不应当被无故扣押或拖延。

1.3.4 此类书面表达的通知、指示、同意、批准、证书及决定等的送达地址等见"合同条款专用部分"。

2. 语言和文字

除非合同文件另有约定，本合同的所有合同文件的制订、解释和说明，均应当使用中文。如果合同文件中使用了非中文的文本，提供该合同文件的一方应当同时提供中文的翻译文本，并应当按照翻译文本对该合同文件进行理解、解释和执行。

3. 合同文件的组成及解释顺序

构成本合同的合同文件之间应当能相互说明和相互补充。除非合同文件另有约定，合同文件的组成及解释顺序如下：

（1）合同协议书；

（2）中标通知书；

（3）投标函及其附录；

（4）已标价的工程量清单（含暂估价的材料和工程设备损耗率表）；

（5）合同条款专用部分；

（6）合同条款通用部分；

（7）技术标准和要求；

（8）合同图纸。

双方在本合同履行中所共同签署或认可的符合现行法律、法规、规章及规范性文件，且符合本合同实质性约定的指令、洽商、纪要或同类性质的文件，均构成合同文件的有效补充。

4. 适用法律和法规

本合同适用国家法律、行政法规及北京市地方法规。除非合同文件另有约定，国家及北京市建设行政主管部门和其他有关主管部门制定的规章和规范性文件也适用于本合同。

5. 技术标准和要求

5.1 承包人按照合同文件约定的"技术标准和要求"执行。承包人如果更改施工

"技术标准和要求"，应当事先获得发包人书面形式认可。

5.2 如果"技术标准和要求"中出现国外规范或标准，发包人应当向承包人提供中文译本，除非合同文件另有约定，与此有关的购买和翻译等费用由发包人承担。

5.3 如果"技术标准和要求"各条款相互之间存在矛盾，承包人应当遵循较严格的规定，相关费用已包括在合同价款内。

6. 图纸

6.1 图纸

6.1.1 发包人应当向承包人提供图纸，提供图纸的日期及图纸套数见"合同条款专用部分"。

6.1.2 发包人所提供的图纸套数无法满足施工需要时，由承包人自费复制。

6.1.3 如果购买或复制标准图纸，购买或复制标准图纸的责任及费用由承包人承担。

6.2 图纸误期和误期的费用

由于发包人未能按时向承包人提供图纸，已经或将要对工程进展造成影响，承包人可以书面形式通知监理人及发包人，说明所缺图纸的具体细节、对工程进展的影响以及提供图纸的最晚时间。发包人仍然未能向承包人提供所需图纸，应当依据实际延误情况延长合同工期并为承包人追加由此而发生的额外费用。

6.3 由承包人设计的永久工程的图纸

6.3.1 如果合同文件中约定部分永久工程由承包人负责设计，承包人应当具有相应的设计资质或委托具有相应设计资质的单位进行设计，并对工程设计的质量负责。承包人同时应当将相关图纸、规范、计算书及其他资料报监理人，并经监理人报发包人、设计人或相关图纸审批单位批准。

6.3.2 承包人还应当依据竣工资料的相关要求将详细的使用维修手册以及竣工图纸等报监理人。

6.4 加工图、大样图、安装图及协调配合图

6.4.1 按照工程技术规范的相关要求需要制作加工图、大样图、安装图、协调配合图等图纸的，承包人应当制作，并在开始施工前报监理人审批，在获得监理人批准后按图施工。此类批准并不能解除承包人根据本合同约定应当承担的责任。

6.4.2 监理人应当在收到承包人报送的上述图纸后7天内提出审核意见。逾期未提出的，视为同意。

6.5 现场图纸准备

承包人应当在现场保留一套完整图纸，供发包人、监理人及有关人员进行工程检查时使用。

7. 发包人

7.1 发包人义务

发包人应当按照合同文件的约定全面履行合同义务，并承担相应的费用。其义务包括但不限于：

7.1.1 在履行合同过程中应当遵守任何适用的法律、法规、规章和规范性文件。

7.1.2 委托设计人完成本工程的设计（按照第6.3款约定应当由承包人负责完成的设计除外），并负责对设计人的工作及其进度做出妥善的监督和协调。

7.1.3 委托监理人对工程进行监理，对监理人的职责和权力做详细定义并以书面形式通知承包人，或将委托监理合同的一份副本转交承包人。

7.1.4 委派发包人代表，并以书面形式通知承包人及其他相关单位。

7.1.5 按照合同文件的约定履行付款义务。

7.1.6 发包人应当委托监理人提前 7 天以书面形式向承包人发出开工通知。

7.1.7 现场的准备和移交

发包人应当在合同签订后的 7 天内，向承包人提供施工现场及毗邻区域内供水、排水、供电、供气、供热、通信、广播电视等地下管线资料，气象和水文观测资料，相邻建筑物和构筑物、地下工程的有关资料，并保证资料的真实、准确、完整；并在按照合同文件约定的时间向承包人移交现场前负责完成现场准备工作。向承包人移交现场的时间见“合同条款专用部分”。

发包人向承包人移交的现场应当具备以下条件：

（1）完成现场内及其空中任何障碍物的清除，包括但不限于现有房屋的拆迁及拆迁渣土等的清除、青苗树木的保护或迁移、现有管线的改位或迁移等，保障现场内场地平整；

（2）提供水源及接口；

（3）提供雨水和污水排放接口；

（4）提供电源及接口；

（5）提供电话和通讯线路及接口；

（6）连接现场与市政公共道路的交通通道（但不包括现场内的临时道路和设计图纸上标明的所有永久市政道路）；

（7）提供水准点及坐标控制点；

（8）提供的其他条件见“合同条款专用部分”。

对上述条件或工作的具体要求（如水源管径、电源的额定功率、接口的位置等）见“技术标准和要求”。发包人应当承担与现场准备有关的上述工作的一切费用。

承包人应当在合同履行期间妥善保管上述所移交的设施，以保证该等设施始终处于可正常使用的状态。

7.1.8 按照国家和北京市绿色施工的要求，提供场地、环境、工期、资金等方面的保障。

7.1.9 在开工日期之前应当办妥任何必要的批准、许可、核准、报备等手续，并及时办理合同文件约定的其他应当由发包人办理的本工程相关手续。

7.1.10 按照合同文件的约定亲自或通过监理人向承包人下达指令，以保证本工程的顺利进行。

7.1.11 按照合同文件的约定回复、审批或确认承包人提出的任何询问或申请。未在合同文件约定的时间内回复、审批或确认的，应当视为已获得发包人批准。

7.1.12 应当按照合同文件约定向承包人提供图纸并在开工日期前组织承包人、监理人和设计人进行图纸会审和技术交底。

7.1.13 应当及时协调处理施工场地周围地下管线和邻近建筑物、构筑物（包括文物保护建筑）、古树名木的保护工作，并承担有关费用。

7.1.14 为避免正常施工时产生的噪音、震动、光线等因素导致周围的居民和公众对工程进展造成影响，发包人应当及时采取合理措施对施工场地周围的居民和公众进行协调并在必要时支付补偿金。

7.1.15 在承包人按照合同实施完成本工程达到实际竣工的标准，并办理本工程相关竣工验收手续后，发包人应当接收承包人交付的工程及现场。

7.1.16 为了工程的顺利实施，在承包人请求协助并承担相应费用的前提下，发包人应当给承包人以协助，但不免除承包人的责任。

7.1.17 为确保本工程的顺利实施，应当保持发包人代表及相关管理人员、监理人的稳定性。

7.1.18 其他义务见“合同条款专用部分”。

7.2 发包人代表

7.2.1 发包人代表

在本合同履行期间，发包人应当任命一名代表常驻现场，以代表发包人行使和履行本合同约定的发包人的所有权利和义务。发包人代表的姓名见“合同条款专用部分”。

承包人提交给发包人代表的任何请示、函件或报审资料等，均视为已有效的提交给了发包人。发包人代表所做出的任何通知、指示、同意、批准、证书及决定等，均视为由发包人所做出。

承包人应当遵循发包人代表的指令。

发包人有权随时变更或撤销关于发包人代表的委派。任何此类的变更或撤销均应当以书面形式通知承包人及其他相关单位，并在到达承包人及其他相关单位时生效。

7.2.2 发包人代表的权力委托

发包人代表可在需要时，将权限范围内的权力和职责委托给他的助理执行，并可随时撤销任何此类委托。

发包人代表的权力委托或撤销均应当采取书面形式，并在到达承包人时生效。

发包人代表助理按照上述委托内容做出的任何决定、指令、检查、审核、检验、同意、批准或类似行为，应当视同是发包人代表做出的。

8. 承包人

8.1 承包人义务

承包人应当按照合同文件约定全面履行合同义务，并承担相应的费用。其义务包括但不限于：

8.1.1 在履行合同过程中应当遵守任何适用的法律、法规、规章和规范性文件。

8.1.2 应当严格按照合同进行工程实施、竣工和修补质量缺陷。

8.1.3 应当对本工程的工程质量负全面责任，但属于非承包人原因造成的本工程缺陷和质量事故的责任除外。

承包人按照设计文件进行施工时，如果依据自身专业知识和经验而判断将会产生质量缺陷，则有义务将情况及时向监理人报告。

8.1.4 应当为完成本工程而设置合理可行的现场组织机构，并委派具备相应岗位资格的管理人员。

除非与发包人书面协商一致，承包人不得更换或撤回主要管理人员。

8.1.5 依法确定和使用具有相应资质的劳务企业，及时足额支付劳务费用。

8.1.6 本合同下特殊工种的操作人员应当受过专门的培训并已取得有关管理机构规定的岗位证书。

8.1.7 应当按照合同文件约定的工作内容和施工进度要求，编制施工组织设计，并对整个现场的施工组织和施工方案的适用性、完备性和安全可靠性全面负责。

8.1.8 应当根据发包人书面给定的原始基准点、基准红线和基准标高对工程进行定位和放线，并承担与此有关的费用。

定位和放线工作完成后，承包人应当通知监理人要求发包人及时组织相关部门或机构进行复验并确认。如果复验发现承包人的定位或放线有误，承包人应当立即予以矫正并承担矫正的费用。

一旦复验确认，则视为解除了承包人在工程定位和放线方面的责任。复验有关的费用由发包人承担。

承包人应当向分包人提供实施分包工程的基准点、基准红线和基准标高。

8.1.9 负责安全防护、文明施工和环境保护工作。

8.1.10 负责合同文件约定的现场内的管理、协调、配合、服务工作。相应工作内容及具体要求见"合同条款专用部分"。

8.1.11 发包人或监理人按照合同文件约定所发出的所有指令，承包人应当予以执行。

发包人或监理人应当以书面形式发出指令。发包人或监理人以口头形式发出的指令，承包人有权拒绝执行，但双方另有约定的除外。

如果承包人实施或完成的工程与合同文件的约定、发包人指令或监理人指令不符的，监理人有权停止全部工程或任何部分工程，并立即通知发包人。

承包人应当遵循发包人或监理人的指令派代表出席由发包人或监理人主持的现场工程协调会或工作会议，并应当提供有关资料以协助解决问题。

8.1.12 合同文件约定需发包人或监理人审批、认可的材料及工程设备、样本、文件或工作，承包人应当按照合同文件约定提交监理人或发包人，合同文件未约定的，提交给发包人。发包人或监理人应当及时向承包人出具相关审批意见。审批意见应当以书面形式发出，未以书面形式发出审批意见或超过合同文件约定时间的，以承包人发出的文件为准。发包人或监理人的任何批准、不批准或修改建议皆不会减轻或免除承包人按照合同文件而承担的责任。

8.1.13 不得将本工程转包。

8.1.14 分包

承包人按照合同文件约定或者经发包人书面同意，可将部分非主体、非关键性的工作分包给具有相应资质条件的分包人，分包人不得再次分包。承包人应当与分包人就分包工程向发包人承担连带责任。

承包人违反上述约定分包的，发包人和监理人可要求其改正；拒不改正的，发包人可解除合同，并报请有关行政监督部门查处。

在发包人或监理人要求时，承包人应当把聘用或将要聘用的任何分包人的有关资料交发包人或监理人审查。

8.1.15 应当审阅所有合同文件。发现合同文件有歧义或需要补齐、补正有关内容的，应当及时告知发包人。

8.1.16 在办理竣工验收手续前，承包人应当负责照管和维护工程，直至完工后移交给发包人为止。

8.1.17 如果合同文件中约定了保修外的维护保养，则承包人应当提交维护保养说明书及计划书给发包人审批，并负责按照批准的文件执行维护保养，费用由发包人承担。

8.1.18 其他义务见"合同条款专用部分"。

8.2 承包人代表

8.2.1 承包人代表

在本合同履行期间，承包人应当任命一名代表常驻现场，以代表承包人行使和履行本合同约定的承包人的所有权利和义务。承包人代表的姓名见"合同条款专用部分"。

发包人或发包人通过监理人提交给承包人代表的任何通知、指示、同意、批准、证书及决定等，均视为已有效的提交给了承包人。承包人代表所做出的任何请示、函件或报审资料等，均视为由承包人所做出。

承包人更换承包人代表的，应当经发包人同意，并签订书面变更协议。书面变更协议中应当明确新任承包人代表的姓名及其他详细资料、新任代表的任职开始期和前任代表的任职截止期。

8.2.2 承包人代表的权力委托

承包人代表可在需要时，将权限范围内的权力和职责委托给他的助理执行，并可随时撤销任何此类委托。

承包人代表的权力委托或撤销均应当采取书面形式，并在到达监理人时生效。

承包人代表助理按照上述委托内容做出的任何决定、指令、检查、审核、检验、同意、批准或类似行为，应当视同是承包人代表做出的。

9. 设计人

设计人给予承包人或其承包人代表的任何指令或审批意见并无合同效力，除非发包人对该指令或审批意见予以书面形式确认，则该指令于确认之日起即视为发包人的指示。

10. 监理人

10.1 委托监理

10.1.1 依据国家有关规定，本工程需要实施监理的，发包人应当承担报酬委托具备相应资质条件的监理人对工程的实施进行全过程监理。

10.1.2 监理人对本工程实施监理的范围为按照国家、北京市规定的监理范围以及发包人根据第7.1.3项通知承包人的监理人的职责。

10.1.3 除非合同文件另有约定，监理人无权对任何工程合同（包括本合同、供应合同及分包合同）做出任何性质或内容的修改、变更或解除。

10.2 监理人代表

10.2.1 在本合同履行期间，发包人应当要求监理人任命一名代表常驻现场，以代表监理人行使和履行本合同授予监理人的所有权力和责任。监理人代表的姓名见"合同条款专用部分"。

10.2.2 发包人、承包人及其他相关单位提交给监理人代表的资料，视为已有效的提交给了监理人。监理人代表向发包人、承包人及其他相关单位所做出的任何通知、指示、同意、批准、证书及决定等，均视为由监理人所做出。

10.2.3 如果监理人更换监理人代表时，发包人应当将新任监理人代表的姓名、新任代表的任职开始期和前任代表的任职截止期以书面形式通知承包人，并在送达承包人时生效。

10.3 监理人代表的权力委托

10.3.1 监理人代表可在需要时，将权限范围内的权力和职责委托给他的助理执行，并可随时撤销任何此类委托。

10.3.2 监理人代表的权力委托或撤销均应当采取书面形式，并在到达承包人时生效。

10.3.3 监理人代表助理按照上述委托内容做出的任何决定、指令、检查、审核、检验、同意、批准或类似行为，应当视为监理人代表做出的。

10.4 监理人的审批

10.4.1 监理人代表在收到承包人提交的有关函件、文件、技术方案、措施、样本、样板等后，应当按照合同文件约定的审批要求及时间做出书面审批。

10.4.2 如果监理人未能在约定的时间内给予审批，则视为有关的函件、文件、技术方案、措施、样本、样板等已获得监理人的批准。

11. 现场

11.1 现场踏勘

鉴于承包人在正式提交投标文件以前，已对现场及其周边环境进行了全面踏勘，除非因发包人向承包人提供的本工程的现场条件和周围环境等情况的资料和信息数据存在偏差，承包人不得因忽视或误解现场情况而要求赔偿或延长合同工期。

11.2 接收现场

发包人应当提前7天以书面形式通知承包人接收现场。承包人应当按时接收现场。

11.3 现场管理

11.3.1 整个现场由承包人实施全面统一管理。

11.3.2 承包人对现场出入口的大小及位置、现场平面布置及临时设施安排等做出的所有改动均由承包人负责，并应当获得监理人及发包人的书面形式认可。

11.3.3 承包人在施工过程中应当遵循交通、市政设施管理部门关于道路使用、车辆停泊、使用时间等条件及限制，负责提交所需申请及承担相关费用，并自行安排及协调有关交通、运输及保护事宜。

11.3.4 承包人应当对工程施工可能造成损害的周边现有道路、房屋、步道、天桥、通道、踏步和地下设施采取专项防护措施。如果造成损害的，应当负责修缮，并承担相关费用和罚款。

11.3.5 发包人对承包人现场管理的其他要求见“合同条款专用部分”。

12. 施工组织设计

12.1 除非合同文件另有约定，承包人应当在合同生效后28天内向监理人提交一份适合于整个工程的施工组织设计（含主要工序的施工方案）供监理人批准。所提交的施工组织设计，不能低于承包人在投标施工组织设计内所说明的所有工程内容和承诺。

12.2 承包人应当编制相应的施工方案或措施，并编制安全技术措施和施工现场临时用水及用电方案。对达到一定规模的危险性较大的分部分项工程编制专项施工方案，应当附有安全验算结果，并在监理人批准后实施。

12.3 在施工过程中，承包人应当按照监理人的要求提交监理人认为必要的关于施工规划和施工方案的任何说明或文件。

12.4 承包人按照监理人批准的施工组织设计进行施工。监理人的批准不会减轻或免除承包人的责任。

13. 进度计划

13.1 进度计划的提交

除非合同文件另有约定，承包人应当在合同生效后 28 天内，按照监理人同意的格式和详细程度，提交工程进度计划，并获得监理人的批准。该进度计划不得对随投标文件提交的施工组织设计中相应内容做出实质性变动。

13.2 进度计划的修订

当工程的实际进度与已批准的进度计划存在偏差时，或当承包人发现其本身或其分包人的工程或材料与工程设备供应存在延误可能时，承包人应当对进度计划进行修订，并将修订后的进度计划报监理人批准，监理人的批准不会减轻或免除承包人的责任。

13.3 进度计划的保证

承包人应当按照经监理人批准的施工组织设计和进度计划（包括修订）进行施工，并承担实施所述施工组织设计及进度计划所需的费用。

13.4 进度报告

13.4.1 除非合同文件另有约定，承包人应当在合同履行期间，按照监理人要求的时间间隔和内容，及时提交工程的进度报告与进度图片，记录工程的每日进展或阶段进展，其相应费用已包含在合同价款中。

13.4.2 进度报告的格式和内容应当获得监理人的同意，内容可包括：

（1）每一阶段的工程进展情况的照片与详细说明；

（2）反映工程进展情况的任何必要的图表；

（3）主要材料和工程设备的制造商名称、制造地点、进度百分比以及运达的实际日期或期望日期等；

（4）承包人在现场的人员及施工机械的记录；

（5）必要的质量证明文件、材料的检验结果及证书；

（6）安全统计，包括涉及环境和公共关系方面的任何事件或活动的详情；

（7）实际进度与计划进度的对比，包括可能影响工程按照进度计划进行的任何因素的详情，以及为消除这些因素正在采取（或准备采取）的措施；

（8）其他要求见“合同条款专用部分”。

14. 合同工期

14.1 除非合同文件另有约定，合同工期中已包括政府规定的不可进行夜间或节假日施工因素等对工期的影响。

14.2 鉴于本工程划分不同区段，各区段的工期见“合同条款专用部分”。

15. 开工及延期开工

15.1 进场开工

发包人应当委托监理人在确定的开工日期 7 天前以书面形式向承包人发出开工通知，承包人应当按照监理人发出的开工通知中确定的时间开工。发包人应当在该时间以前完成第 7.1.7 项和第 7.1.9 项约定的义务。

15.2 延期开工

15.2.1 承包人不能按时开工，应当在开工通知中确定的开工时间 72 小时前，以书面形式向监理人提出延期开工的理由和要求。监理人应当在接到延期开工申请后的 48 小时内以书面形式答复承包人。监理人接到延期开工申请后 48 小时内不答复，视为同意承包人要求，合同工期相应顺延。监理人不同意延期要求或承包人未在约定的时间内提出延期开工要求的，合同工期不予顺延。

15.2.2 因发包人原因导致承包人不能按照开工通知中确定的开工日期开工，监理人应当以书面形式通知承包人，推迟开工日期，合同工期相应顺延，发包人应当赔偿承包人由此受到的相应损失。

16. 工程暂停及复工

16.1 工程暂停

16.1.1 发包人认为有必要时，可随时通过监理人向承包人做出暂停进行部分或全部工程的指示，承包人应当按照监理人指令暂停施工。不论由于何种原因引起的暂停施工，承包人均应当按照监理人的指令负责保护、照管该暂停施工的部分或全部工程，以免遭受损失或损害。

16.1.2 由于发包人的原因需要暂停施工，且监理人未及时下达暂停施工指令的，承包人可先暂停施工，并及时向监理人提出暂停施工的书面请求。监理人应当在接到书面请求后的 24 小时内予以答复，逾期未答复的，视为同意承包人的暂停施工请求。

16.2 工程暂停的责任

16.2.1 如果因下列原因引起本工程的暂停，承包人应当承担所有相应费用，合同工期不予顺延：

（1）承包人违约引起的暂停施工；

（2）承包人为合理施工和安全保障所必需的暂停施工；

（3）承包人擅自暂停施工；

（4）承包人的其他原因引起的暂停施工。

16.2.2 如果是除第 16.2.1 项约定的承包人原因及第 42.1.1 项约定的不可抗力以外的其他原因引起本工程的暂停，且承包人无法通过调整工作安排减少损失，同时此暂时停工已造成承包人的关键线路工作的工期延误或给承包人造成了无法避免的损失，合同工期顺延，发包人应当赔偿承包人由此受到的损失。

16.3 工程暂停时材料和工程设备价款的支付

如果在监理人发出部分或全部工程暂停指令之前，承包人已订购了有关工程设备或材料，并且工程暂停已超过 28 天，承包人有权要求发包人支付其为该工程设备或材料在停工日期前订购上述材料设备而发生的费用。但以下列条件为前提：

（1）承包人根据监理人的指令已将该工程设备或材料标记为发包人的财产；

（2）暂时停工不是由于承包人原因造成的。

如果承包人要求，发包人应当随后接管该工程设备或材料。

16.4 工程长时间暂停

除非合同文件另有约定，如果暂停施工已持续 84 天以上，且此暂停不是由于承包人的原因引起，则承包人可通知要求监理人自接到该通知后 28 天内许可已中断的部分或全部工程继续施工。如果在上述时间内未得到许可，承包人可做如下选择：当暂时停工仅影响工程的局部时，承包人可将此暂停所影响的工程内容视为已被取消；当此类暂停影响到整个工程，承包人可将此暂停视为发包人违约，有权根据合同文件约定解除合同。

16.5 暂停施工后的复工

16.5.1 当工程具备复工条件时，发包人应当要求监理人立即向承包人发出复工通知，复工准备期不低于 **7** 天。

16.5.2 承包人收到复工通知后，应当在监理人指定的期限内复工。因承包人原因无法按时复工的，由此增加的费用和工期延误由承包人承担；因发包人原因无法按时复工的，由此增加的费用和工期延误由发包人承担。

16.5.3 复工后，承包人应当和监理人共同检查受到暂停影响的工程、材料和工程设备；工程暂停期间，工程、材料和工程设备如果发生任何变质、缺陷或损失，承包人应当负责修复，修复结果应当得到监理人的同意；如果发包人承担工程暂停期间材料和工程设备的照管责任和风险的，其修复费用由发包人承担。承包人在收到复工通知后，发包人和承包人办理材料和工程设备移交手续，自移交之日起该责任和风险应当重新归属承包人。

17. 工期延误

17.1 非承包人造成的工期延误

17.1.1 在履行合同过程中，本项下述原因导致属于可证明的关键线路工作的工期延误时，应当延长合同工期，竣工日期应当随此延长的合同工期做相应的调整，但承包人应当通过调整工作安排尽量减少损失。

（1）本合同约定的变更事项；

（2）不可抗力；

（3）无法合理事先预见的现场自然条件或环境；

（4）由发包人原因造成的延误、干扰或阻碍；

（5）在事前无法合理预见，并且按照合同约定不应当由承包人代其承担责任的第三方造成的延误、干扰或阻碍；

（6）其他允许延长工期的情况见“合同条款专用部分”。

17.1.2 承包人为了获准上述延长的合同工期，除非合同文件另有约定，应当在此类事件发生后的 28 天内以书面形式通知监理人，并提交延期的详情报告，否则监理人可不必就延长合同工期事宜做出任何决定，监理人应当在收到承包人提交的延长工期的详细报告后 14 天内以书面形式予以确认。

17.2 承包人造成的工期延误

承包人原因造成的工期延误，均由承包人承担相关责任，合同工期不予顺延。

17.3 工期延误的违约处理

17.3.1 如果承包人未能在合同工期内或按照合同约定延长了的时间内完成本合同，承包人应当按照合同文件约定向发包人支付误期违约金，误期违约金总额不得超过合同价款的3%或者合同文件约定的误期违约金的最高限额。本合同约定的误期违约金及误期违约金的最高限额见“合同条款专用部分”。

17.3.2 误期违约金将从按照合同应当支付或将会支付给承包人的款项中扣除，或要求承包人偿还。

17.3.3 如果发包人提供切实证据，证明承包人按照本条支付给发包人的误期违约金总额不足以弥补因误期竣工给发包人造成的直接损失，并且该损失是承包人在订立合同时预见到或应当预见到的，承包人应当另行向发包人支付赔偿金。

18. 竣工日期及提前竣工

18.1 竣工日期

18.1.1 承包人应当在合同工期内，或在根据合同文件约定监理人同意延长的期限内完成本工程。

18.1.2 实际竣工日期为合同文件约定的竣工验收文件上所写明的竣工验收合格的日期。

18.2 提前竣工

除非合同文件另有约定，发包人不得要求承包人在合同工期内提前竣工。发包人和承包人约定提前竣工并给予奖励的，奖励的金额见“合同条款专用部分”。

19. 工程质量

19.1 质量标准

19.1.1 构成合同的任何相关约定或描述，只要适用，均应当理解为是对工程质量标准的定义。承包人应当按照合同文件约定的标准和方法进行工程的实施、竣工和修补质量缺陷。

19.1.2 本工程质量标准应当不低于国家和北京市规定的质量标准。如果合同文件约定的任何工程质量标准低于国家和北京市规定的质量标准，则按照国家和北京市规定的质量标准执行；如果合同文件约定的任何工程质量标准高于国家和北京市规定的质量标准，则按照合同文件约定的标准执行。

19.2 创优目标

如果承包人在投标文件中承诺了相应的质量创优目标，则合同价款中已包含了为实现该质量创优目标而需发生的相关费用。

本工程的质量创优目标及相关约定见“合同条款专用部分”。

20. 材料和工程设备检验

20.1 材料、工程设备和工艺的质量

20.1.1 除非合同文件另有约定，一切材料、工程设备和工艺均应当符合合同文件约定且应当按照合同文件约定的要求进行检验。

20.1.2 检验应当有书面记录和专人签字，经检验合格并获得监理人批准后，方可用于永久工程。

20.1.3 如果承包人自行采购的材料或工程设备不符合法律、法规或合同文件约定，发包人有权向承包人主张赔偿，由此造成的工期延误不予顺延。

20.1.4 承包人应当就其分包人或供应商的材料或工程设备的质量问题向发包人负责。

20.2 为检验创造条件

20.2.1 承包人应当为材料或工程设备的检查、检测、检验或试验提供劳务、电力、燃料、备用品、装置和仪器及必要的协助。

20.2.2 发包人和监理人及其授权人员应当能在任何时候进入现场及对工程制造、装配、准备材料或工程设备的所有车间和场所进行必要的检查。无论这些车间和场所是否属于承包人，承包人都应当提供便利，并协助其取得相应的权力或许可。

20.3 拒收

20.3.1 如果检查、检测、检验或试验的结果表明，工程设备、材料、设计（如果合同文件约定为承包人的工作）或工艺有缺陷或不符合合同文件的约定，监理人可拒收此类工程设备、材料、设计或工艺，并应当立即通知承包人，同时说明理由。承包人应当立即修复上述缺陷并保证其符合合同文件约定。

20.3.2 如果监理人要求对此类修复缺陷后的工程设备、材料、设计或工艺再度进行检验，则此类检验应当按照相同条款和条件重新进行。

20.3.3 如果此类拒收和再度检验致使发包人产生了附加费用，则此类费用应当由承包人支付给发包人，或从任何应当支付给承包人的款项中扣除。

20.4 检验费用

20.4.1 依据国家和北京市的相关规定，应当进行检验和试验的项目，由发包人委托并承担费用，其他监测和试验项目的委托和费用承担方式见“合同条款专用部分”。

20.4.2 当监理人要求的检验属于合同文件未曾指明或约定的，或在合同文件虽已指明或约定，但监理人所要求的检验是在合同文件约定的地点以外的任何地点进行时，如果检验结果表明材料、工程设备或操作工艺不符合合同文件的约定，则其检验费用由承包人承担；如果检验结果属于任何其他情况，则其检验费用应当由发包人承担，并应当决定是否延长工期或为承包人追加由此而发生的额外费用。

21. 工艺检验

21.1 施工过程中工序工艺的检验

按照合同文件约定应当进行检查和检验的施工工序及其工艺，承包人应当提前 24 小时通知监理人准备参加此类检查和检验。如果监理人未能在约定的检验时间参加检验，除非监理人另有指令，承包人可独立进行此项检验，并应当立即将该项检验记录和结果送交监理人确认。无论监理人是否曾参加该项检验，监理人都应当对检验记录和检验结果予以确认。

21.2 隐蔽工程和中间验收

21.2.1 合同文件约定的任何隐蔽工程或中间验收部位在被覆盖、包装或隐蔽之前，应当经过检验并得到监理人的批准。

21.2.2 除非合同文件另有约定，在工程具备隐蔽条件或达到合同文件约定的中间验收部位，承包人自检合格后，在隐蔽或中间验收 24 小时前通知监理人参加检验。此类通知应当包括承包人自检的记录、隐蔽或中间验收的部位和内容、验收时间和地点。在收到此类通知后，除非认为检查并无必要并相应通知承包人，监理人应当按照约定时间参加检验，且不得无故拖延。如果监理人未能在约定时间参加检验且无任何其他指令，则按照第 21.1 款中的相应约定执行。

21.2.3 检验过程中由承包人填写并准备检验记录。如果检验结果表明其施工符合合同文件约定，监理人在检验记录上签字，承包人可进行包装、覆盖、隐蔽和继续施工，如果不符合合同文件约定则按照第 21.4 款中的相应约定执行。

21.3 重新检验

无论监理人是否参加检验，当其提出对已包装、覆盖或隐蔽的工程重新检验的要求时，承包人应当按照要求进行剥露或开孔，并在检验后重新覆盖或修复。如果检验结果表明符合合同文件约定，则发包人承担由此而发生的费用。其他任何情况下，由此而发生的费用由承包人承担。

21.4 不合格品的处理

如果上述任何检验表明被检验的材料、工程设备、工艺质量或工程不符合合同文件的约定，则监理人有权指令承包人：

（1）在指令规定的时间内一次或分几次将监理人认为不符合合同文件约定的任何材料或工程设备运出现场；

（2）用符合合同文件约定的材料或工程设备取代；

（3）拆除不符合合同文件约定的任何工程，并进行重新施工。

如果承包人未能在指令规定的时间或者（如果指令中未规定时间）合理的时间内执行上述指令，则监理人有权委托他人执行该项指令，由此发生的费用由发包人从应当支付给承包人的款项中扣除。

21.5 工程设备试运行检测

21.5.1 除非合同文件另有约定，合同工作内容中的工程设备应当进行试运行检测，工程设备试运行检测费用已包含在合同价款中。

21.5.2 工程设备在工程竣工前的试运行检测由承包人组织。承包人应当在工程设备试运行检测 48 小时前以书面形式通知监理人。通知包括试运行内容、时间、地点。承包人准备工程设备试运行记录，发包人为工程设备试运行提供必要条件。工程设备试运行检测通过的，监理人应当在工程设备试运行检测记录上签字。

21.5.3 如果监理人不能按时参加工程设备试运行检测，应当在开始工程设备试运行检测 24 小时前向承包人提出书面延期要求，延期不能超过 48 小时。监理人未能按照以上时间提出延期要求，也未参加工程设备试运行检测的，承包人可自行组织工程设备试运行检测，监理人应当确认工程设备试运行检测记录。

21.6 工程设备试运行结果与责任划分

21.6.1 如果由于设计原因（承包人所负责的设计除外）工程设备试运行达不到验收要求，发包人负责修改设计，承包人按照修改后的设计重新安装。发包人承担修改设计、拆除及重新安装的全部费用，同时按照第 17.1 款为承包人延长工期并承担由此而发生的费用。

21.6.2 如果由于制造原因导致工程设备试运行达不到验收要求，由该工程设备采购一方负责重新购置或修理，但在任何情况下均由承包人负责拆除和重新安装。如果工程设备由承包人采购，则由承包人承担修理或重新购置、拆除及重新安装的费用，承包人无权因此得到任何费用和工期补偿；如果工程设备由发包人采购，则发包人承担上述各项费用，同时按照第 17.1 款为承包人延长工期并承担由此而发生的费用。

21.6.3　如果由于承包人原因工程设备试运行未达到验收要求，监理人在工程设备试运行后48小时内提出修改意见。承包人修改后重新试运行，承包人承担此类修改和重新试运行的费用，并无权得到工期补偿。

22. 样品

22.1　样品费用

如果样品的提供在“技术标准和要求”中已明确约定，则按照“技术标准和要求”约定提供样品和存放样品的费用由承包人承担。反之，如果样品的提供未曾在“技术标准和要求”约定，但在履行合同过程中发包人提出要求的，则发包人承担相应的费用。

22.2　样品报送

22.2.1　对于在合同文件中约定的所有需要报送样品的材料或工程设备，承包人在计划采购日期28天前，向监理人提交样品并附上必要的说明书、证书、出厂报告、性能介绍、使用说明等相关资料供检验。

22.2.2　应当按照监理人要求报送样品送达的地点和样品的数量或尺寸。除非合同文件另有约定，承包人在报送样品时应当按照监理人同意的格式填写并递交样品报送单。监理人应当及时签收样品。

22.3　样品批复

22.3.1　监理人应当在收到承包人报送的样品后14天内，经发包人批准后，就此样品给出书面批复，通知承包人对此样品所做出的决定或指令。承包人应当根据监理人的书面批复和指令进行下一步工作。

22.3.2　如果监理人未能在收到样品后14天内给出书面批复或指令，承包人应当就此以书面形式通知监理人尽快批复。如果监理人在收到此类通知后7天内仍未对样品进行批复，则视为监理人及发包人已批准。

22.4　样品保管

22.4.1　样品由承包人负责存放。

22.4.2　承包人应当为保存样品提供适当和固定的场所并保持适当和良好的环境条件。因存放不当而造成样品的任何破损、变性、变形或灭失等均应当由承包人承担责任。

22.4.3　承包人应当保证发包人和监理人及其任何授权人能随时进入样品存放场所。

23. 安全防护与文明施工

23.1　安全措施与责任

在工程实施、竣工及修补质量缺陷的过程中，承包人应当遵守所有适用的安全生产法规、规章、制度、标准，并且：

（1）应当按照合同文件约定履行安全职责，执行国家及北京市有关安全施工的规定，并在合同文件约定的期限内，按照合同文件约定的安全工作内容，编制施工安全方案及措施报送监理人审查；

（2）应当采取必要和适当的措施，保持现场和工程的井然有序和安全可靠，以免发生安全事故，并承担因自身安全措施不当所造成事故的责任和费用；

（3）为了保护工程、公众的安全和方便以及其他原因，提供并保证照明、防护、围栏、警告信号和看守；

（4）为邻近地区的单位、公众和其他人员，提供必需的临时道路、人行道、防护棚及围栏等；

(5) 加强施工作业安全管理，特别应当加强易燃、易爆材料、火工器材、有毒与腐蚀性材料和其他危险品的管理，以及对爆破作业和地下工程施工等危险作业的管理；

(6) 严格按照国家安全标准制定施工安全操作规程，配备必要的安全生产和劳动保护设施，加强对施工人员的安全教育，并发放安全工作手册和劳动保护用具；

(7) 应当制定应对灾害的紧急预案，报送监理人审查。承包人还应当按照预案做好安全检查，配置必要的救助物资和器材，切实保护好现场人员的人身和财产安全。

23.2 现场保卫

除非合同文件另有约定，承包人应当为现场保卫提供足够的保安人员及相应的设施，并采取如下措施：

(1) 负责阻止与本工程无关的任何未经授权的人员进入现场；

(2) 采取合理的预防措施，防止现场内发生任何违法、暴乱或妨害治安的行为，并保护工程周围公众和其他人员及其财产不受现场内上述行为的危害。

23.3 文明施工

23.3.1 承包人在工程施工期间，应当采取措施保持施工现场平整，物料堆放整齐。

23.3.2 在本工程移交之前，承包人应当从本工程现场清除并运出承包人的全部工程设备、多余材料、垃圾和各种临时工程，并保持该部分现场清洁整齐。在发包人同意的前提下承包人可在发包人指定的现场地点保留为完成承包人在保修期内的各项义务所需要的材料、工程设备和临时工程。

23.3.3 承包人应当保证本工程的施工始终严格按照不低于国家及北京市政府有关文明施工的各项标准和规定。

23.4 环境保护

23.4.1 承包人应当采取合理措施，防止或者减少粉尘、废气、废水、固体废物、噪声、振动和施工照明对人和环境的危害和污染。但本款的约定并不解除承包人依据合同文件约定应当承担的义务和责任。

23.4.2 任何情况下，承包人应当保证在永久工程和临时工程中不使用政府明令禁止使用的对人体或环境有害的材料或物品。

23.5 费用使用

23.5.1 发包人按照合同文件约定支付给承包人的安全文明施工费，是按照国家和北京市现行的建筑施工安全、施工现场环境与卫生标准和有关规定，购置和更新施工安全防护用具及设施、改善安全生产和作业环境所需要的费用。

23.5.2 承包人应当确保安全文明施工费专款专用，在财务管理中单独列出安全文明施工费用清单备查。

23.5.3 承包人对本工程安全文明施工费的使用负责。承包人应当按照分包合同的约定及时向分包人支付安全文明施工费。

23.6 事故处理

23.6.1 承包人应当根据施工特点和范围，对重大事故易发部位和环节进行实时监控，制定安全事故应急救援预案，配备应急救援人员和救援器材，并定期组织演练。

23.6.2 发生安全事故后，承包人应当按照国家有关伤亡事故报告和调查处理的规定，及时如实地报告监理人、发包人和建设行政主管部门及安全监督管理部门；特种设备发生事故的，还应当同时报告特种设备安全监督管理部门。

23.6.3 发生安全事故后，承包人应当积极采取措施，防止事故扩大，保护事故现场。需要移动现场物品时，应当做出标记和书面记录，妥善保管有关证物。

24. 暂估价的专业分包工程

24.1 暂估价的专业分包工程分包人的确定

24.1.1 "技术标准和要求"中确定的暂估价的专业分包工程由发包人和承包人共同确定分包人。

24.1.2 如果承包人具备实施某项暂估价的专业分包工程的资格和条件，在不违背现行法律、法规、规章和规范性文件的前提下，经发包人和承包人协商一致，该暂估价的专业分包工程在本合同中可转变为承包人自行实施的工作。在此情况下，与之对应的总包管理、协调、配合、服务费用应当在承包人的合同价款中相应扣除。

如果承包人不具备实施暂估价的专业分包工程的资格和条件，或发包人和承包人无法协商一致的，暂估价的专业分包工程分包人确定按照第 24.1.3 项或第 24.1.4 项执行。

24.1.3 根据法律、法规、规章及规范性文件的要求应当通过招标而确定暂估价的专业分包工程分包人的，由承包人作为招标人，由发包人和承包人按下述约定共同组织招标确定暂估价的专业分包工程分包人：

(1) 在暂估价的专业分包工程招标工作启动前，承包人应当在合同文件约定的时间内编制招标工作计划并直接报送发包人审批，招标工作计划应当包括招标工作的时间安排、拟采用的招标方式、拟采用的资格审查方式、主要招标过程文件的编制内容、对投标人的资格条件要求、评标标准和方法、评标委员会组成、是否编制招标控制价（如编制时，招标控制价编制原则）。发包人应当在收到承包人报送的招标工作计划后，在合同文件约定时间内给予批准或者提出修改意见，承包人应当严格按照经过发包人批准的招标工作计划开展招标工作。

承包人向发包人报送招标计划的时间见"合同条款专用部分"。

发包人对招标计划的批准或者提出修改意见的时间见"合同条款专用部分"。

(2) 承包人应当在发出招标公告（或者资格预审公告或者投标邀请书）、资格预审文件和招标文件前，按照合同文件约定的时间分别将相关文件直接报送发包人审批。发包人应当在收到承包人报送的相关文件后，在合同文件约定的时间内向承包人提出修改意见，承包人应当在合同文件约定的时间内按照发包人提出的修改意见修改完成相应文件后报送发包人批准。承包人最终对外发出的相应文件应当是发包人最终批准的相应文件。

承包人向发包人报送相关文件的时间、发包人对相关文件提出修改意见的时间以及承包人按照发包人的修改意见修改完成相应文件后报送发包人批准的时间见"合同条款专用部分"。

(3) 承包人与暂估价的专业分包工程分包人在订立合同前，应当按照合同文件约定的时间将准备用于正式签订的合同文件直接报发包人审核，发包人应当在合同文件约定的时间内给予批准或者提出修改意见，承包人应当按照发包人批准的合同文件签订相关合同。合同订立后 3 天内，承包人应当将其中的两份副本报送监理人，其中一份由监理人报发包人留存。

承包人向发包人报送的用于正式签订的合同文件的时间以及发包人对承包人报送的用于正式签订的合同文件提出修改意见的时间见“合同条款专用部分”。

（4）承包人应当将本合同文件中有关暂估价的专业分包工程分包的各项条款，尤其是有关承包人对于暂估价的专业分包工程分包人的管理、服务、配合和协调的义务和责任，准确地在有关暂估价的专业分包工程分包的招标文件中进行定义，并反映到随后的有关合同中。发包人对承包人报送的相关文件进行审批或提出的修改意见应当合理，并符合现行有关法律法规的规定。

（5）承包人违背本项上述约定的程序或者未履行本项上述约定的报批手续的，发包人有权拒绝对相关暂估价的专业分包工程进行验收和拨付相应工程价款，所造成的损失和（或）工期延误由承包人承担。发包人未按照本项上述约定履行审批手续的，所造成的损失和（或）工期延误由发包人承担。

24.1.4 如果相关暂估价的专业分包工程分包人根据法律、法规、规章及规范性文件的要求不属于依法必须招标的范围或未达到招标规模时，则发包人和承包人共同确定暂估价的专业分包工程分包人的方式及程序见“合同条款专用部分”。

24.1.5 除非合同文件另有约定，承包人应当对暂估价的专业分包工程分包人按照第8.1.10项约定提供总包管理、协调、配合和服务工作。

24.1.6 对暂估价的专业分包工程任何形式的细分或合并，将不改变承包人的合同工期。

24.2 暂估价的专业分包工程款支付

24.2.1 承包人应当按照暂估价的专业分包工程分包合同的约定向分包人支付分包工程价款。

24.2.2 监理人在根据第33.2款约定向发包人提交进度款付款单前，有权要求承包人提供证据证明承包人已将前一期付款单中所包含的暂估价的专业分包工程价款向相关分包人进行了全部适时的支付。

24.2.3 只有在下列条件同时符合的情况下，承包人方可扣留或拒付暂估价的专业分包工程分包人应当得的工程价款：

（1）承包人事先以书面形式向监理人陈述其有足够和正当的理由扣留或拒绝支付该项款额，并且监理人经发包人同意后，对此理由已表示认可或同意；

（2）承包人向监理人提交恰当证据，以证明其已将上述情况以书面形式通知了该专项分包人。

24.2.4 除上述情况外，如果承包人不能按照合同约定提供恰当的支付证明，且在监理人向承包人发出的要求承包人立即纠正此类损害本工程利益的行为的书面形式通知后7天内，承包人仍未及时纠正他的错误，发包人可在上述书面形式通知发出7天后，直接向暂估价的专业分包工程分包人支付相应款项，相应款项由发包人从承包人依本合同应当得到或将得到的任何款项中扣除。

24.3 总承包合同与暂估价的专业分包工程分包合同的关系

承包人在与暂估价的专业分包工程分包人签订分包合同时，分包合同不得与本合同有实质性冲突或矛盾。

25. 材料和工程设备的采购与供应

25.1 发包人供应的材料和工程设备

25.1.1 “技术标准和要求”中确定的发包人供应的材料和工程设备由发包人负责供应。

25.1.2 除非合同文件另有约定，对于发包人供应的材料和工程设备做如下约定：

(1) 承包人应当负责计算其需要材料和工程设备的订货数量，监理人予以审核确认。订货数量为按照图纸和工程量计算规则所计算而得的数量和双方确认的洽商变更数量再加上按照“技术标准和要求”中确定的损耗率计算出的损耗量。发包人负责按照上述经监理人审核确认的订货数量供应相应的材料和工程设备，因承包人施工不当导致超出此订货数量的材料和工程设备，其费用由承包人承担。

(2) 承包人按照第13.1款和第13.2款要求提交和修订进度计划时，需同时提交和修订依据进度计划编制的发包人供应材料和工程设备的进场计划，并在每项发包人供应材料和工程设备进场7天前通过监理人以书面形式通知发包人。

(3) 发包人负责将所供应的材料和工程设备按照承包人书面形式通知的时间运送到现场承包人指定地点并完成卸货，并应当提交制造商产品介绍说明、质量检测合格报告等一切所需的证明文件给承包人及监理人审核，以证明所供应的材料及工程设备符合要求。

(4) 承包人应当负责卸货后的一切工作。如果承包人要求将有关材料和工程设备运送到现场外的中转场地，承包人应当承担中转场地的租赁费、材料及工程设备的保管费和由中转场地再运回现场的所有工作及费用。

(5) 发包人供应的材料和工程设备应当完全符合合同文件约定。发包人代表在所供材料和工程设备到货24小时前，以书面形式通知监理人，由监理人组织承包人和发包人共同检验。

(6) 发包人供应的材料和工程设备，上述三方检验合格后由承包人妥善保管，相应的保管费用已包含在合同价款中。发生丢失损坏，由承包人负责赔偿。如果发包人未通知监理人组织三方检验，则承包人不负责材料和工程设备的保管，丢失损坏由发包人负责。

(7) 发包人供应的材料和工程设备，如果交货地点、交货时间或交货数量与本合同约定不符，或检验结果表明该材料或工程设备不符合合同文件约定，则发包人应当承担相应的责任。发生此类情况时，承包人应当就此以书面形式通知监理人，监理人在收到此类通知并与发包人和承包人适当协商之后应当决定是否：

(a) 由发包人将任何不符合合同约定的材料和工程设备运出现场并重新采购；

(b) 依据实际延误情况延长合同工期；

(c) 为承包人追加由此而发生的费用。

25.1.3 除非合同文件另有约定，发包人供应的材料和工程设备的行为仅限于提供本合同中约定的由供应商负责采购供应的材料和工程设备，不包括这些材料和工程设备的安装、安装所必须的辅助材料以及发生在现场内的验收、存储、保管、开箱、二次倒运、从存放地点运至安装地点以及其他任何必要的辅助工作。

25.2 暂估价的材料和工程设备

25.2.1 “技术标准和要求”中确定的暂估价的材料和工程设备由发包人和承包人共

同确定的供应商负责供应。

25.2.2 如果相关暂估价的材料和工程设备根据国家及北京市法律、法规、规章及规范性文件的要求应当通过招标进行采购，则应当由承包人作为招标人，由发包人和承包人按下述约定共同组织招标确定供应商：

（1）在任何暂估价的材料和工程设备招标工作启动前，承包人应当在合同文件约定的时间内编制招标工作计划并直接报送发包人审批，招标工作计划应当包括招标工作的时间安排、拟采用的招标方式、拟采用的资格审查方式、主要招标过程文件的编制内容、对投标人的资格条件要求、评标标准和方法、评标委员会组成、是否编制招标控制价（如编制时，招标控制价编制原则）。发包人应当在收到承包人报送的招标工作计划后，在合同文件约定时间内给予批准或者提出修改意见，承包人应当严格按照经过发包人批准的招标工作计划开展招标工作。

承包人向发包人报送招标计划的时间以及发包人对招标计划的批准或者提出修改意见的时间见“合同条款专用部分”。

（2）承包人应当在发出招标公告（或者资格预审公告或者投标邀请书）、资格预审文件和招标文件前，按照合同文件约定的时间分别将相关文件直接报送发包人审批。发包人应当在收到承包人报送的相关文件后，在合同文件约定的时间内向承包人提出修改意见，承包人应当在合同文件约定的时间内按照发包人提出的修改意见修改完成相应文件后报送发包人批准。承包人最终对外发出的相应文件应当是发包人最终批准的相应文件。

承包人向发包人报送相关文件的时间、发包人对相关文件提出修改意见的时间以及承包人按照发包人的修改意见修改完成相应文件后报送发包人批准的时间见“合同条款专用部分”。

（3）承包人与供应商在订立合同前，应当按照合同文件约定的时间将准备用于正式签订的合同文件直接报发包人审核，发包人应当在合同文件约定的时间内给予批准或者提出修改意见，承包人应当按照发包人批准的合同文件签订相关合同。合同订立后 3 天内，承包人应当将其中的两份副本报送监理人，其中一份由监理人报发包人留存。

承包人向发包人报送的用于正式签订的合同文件的时间以及发包人对承包人报送的用于正式签订的合同文件提出修改意见的时间见“合同条款专用部分”。

（4）承包人应当将本合同文件中有关暂估价的材料和工程设备的各项条款，尤其是有关承包人对于供应商的管理、服务、配合和协调的义务和责任，准确地在有关招标文件中进行定义，并反映到随后的有关合同中。发包人对承包人报送的相关文件进行审批或提出的修改意见应当合理，并符合现行有关法律法规的规定。

（5）承包人违背本项上述约定的程序或者未履行本项上述约定的报批手续的，发包人有权拒绝对相关暂估价的材料和工程设备进行验收和拨付相应货款，所造成的损失和（或）工期延误由承包人承担。发包人未按照本项上述约定履行审批手续的，所造成的损失和（或）工期延误由发包人承担。

（6）如果合同文件约定发包人和承包人采用联合招标的方式确定供货商，则发包人和承包人应当签订联合招标协议，明确约定双方作为暂估价的材料和工程设备的联合招标人，在组织招投标活动中，各方拟承担的工作和责任。材料和工程设备中标人确定后，发包人和承包人应当共同作为材料和工程设备的采购人，与材料和工程设备的中标人签订合同。

是否采用联合招标的方式确定专项供应商以及联合招标过程中发包人和承包人各方拟承担的工作和责任见“合同条款专用部分”。

25.2.3 如果相关暂估价的材料和工程设备根据法律、法规、规章及规范性文件的要求不属于依法必须招标的范围或未达到招标规模时，则采用如下方式采购：

(1) 承包人在暂估价的材料和工程设备采购28天前，向监理人提出采购申请，并在采购申请中列明拟采购材料和工程设备的名称、采购数量、技术规格、合同中列明的暂估价以及至少不少于三家供应商的厂家名称、联系方式、供应价格（现场地面价）等情况以供发包人和监理人审批。为方便发包人和监理人审批，承包人有义务按照监理人的要求提供必要的进一步的细节情况，发包人有权直接和承包人提交的供应厂家进行与采购供应有关的接洽和谈判。

(2) 监理人收到承包人提交的采购申请后，应当与发包人协商后，在14天内以书面形式向承包人通知发包人和监理人对此类暂估价的材料和工程设备采购供应的批准情况。如果承包人提交的采购申请未能获得发包人和监理人批准，监理人可对此加以说明。除非监理人向承包人发出了发包人予以书面形式认可或接受的函件，否则发包人在任何情况下的不作为并不应当被理解为发包人同意或批准，而应当视为发包人不认可。

(3) 如果发包人根据承包人提交的采购申请，判断承包人提供的供应厂商无法满足工程质量或价格等要求，发包人保留按照承包人采购申请中列明的拟采购材料和工程设备的名称、采购数量、技术规格等，确定暂估价对应的材料和工程设备的供应商及采购价格（现场地面价），进行直接采购的权力。发包人确定供应商后，除非合同文件另有约定，承包人应当按照监理人发出的发包人的书面形式通知，与确定的各供应商签订供应合同。但承包人有义务将本合同文件中有关供应的各项技术质量条款，特别是有关承包人对供应商的管理、服务、配合和协调的义务和责任，准确地反映在有关供应合同中。

25.2.4 除非合同文件另有约定，对于暂估价的材料和工程设备做如下约定：

(1) 承包人应当负责计算其需要材料和工程设备的订货数量，监理人予以审核确认。订货数量为按照合同图纸和工程量计算规则计算而得的数量再加上承包人投标报价时填报的损耗率计算出的损耗量。承包人负责按照上述经监理人审核确认的订货数量要求供应商供应相应的材料和工程设备，超出此供货范围和数量的材料和工程设备，其费用由承包人承担。

(2) 供应商负责将所供应的材料和工程设备运送到现场承包人指定地点完成卸货，并应当提交制造商产品介绍说明、质量检测合格报告等一切所需的证明文件给承包人及监理人审核，以证明所供应的材料及设备符合要求。

(3) 承包人应当负责卸货后的一切工作。如果承包人要求将有关材料和工程设备运送到现场外的中转场地，承包人应当承担中转场地的租赁费、材料及工程设备的保管费和由中转场地再运回现场的所有工作及费用。

(4) 供应的材料和工程设备应当完全符合合同文件约定。承包人代表应当在所供材料和工程设备到货24小时前以书面形式通知监理人，由监理人组织承包人和发包人共同检验。

(5) 供应的材料和工程设备经上述三方检验合格后由承包人妥善保管，相应的保管费用已包含在合同价款中。发生丢失损坏，由承包人负责赔偿。

(6) 如果材料和工程设备的交货地点、交货时间或交货数量与本合同约定不符，或检验结果表明该材料或工程设备不符合合同文件约定，则承包人应当承担相应的责任。

(7) 供应材料和工程设备的任何形式的细分或合并将不以任何形式改变合同工期。

25.2.5 除非合同文件另有约定，暂估价的材料和工程设备的行为仅限于提供本合同中约定的由供应商负责采购供应的材料和工程设备，不包括这些材料和工程设备的安装、安装所必须的辅助材料以及发生在现场内的验收、存储、保管、开箱、二次倒运、从存放地点运至安装地点以及其他任何必要的辅助工作。

25.2.6 暂估价的材料和工程设备货款支付

承包人应当按照供应合同的约定向供应商支付材料和工程设备的货款，只有在下列条件同时符合的情况下，承包人方可扣留或拒付供应商应得的货款：

(1) 承包人事先以书面形式向监理人陈述其有足够和正当的理由扣留或拒绝支付该项款额，且监理人报发包人同意后，对此理由已表示认可或同意；

(2) 承包人向监理人递交恰当的证据，以证明其已将上述情况以书面形式通知了该供应商。

除上述情况外，如果承包人不能按照合同约定提供恰当的支付证明，且在监理人向承包人发出要求承包人立即纠正此类损害本工程利益行为的书面形式通知后7天内，承包人仍未及时纠正错误的，发包人可直接向供应商支付相应款项，相应款项由发包人从承包人依本合同应当得到或将得到的任何款项中扣除。

25.2.7 总承包合同与供应合同的关系

承包人在与供应商签订供应合同时，供应合同不得与本合同有实质性冲突或矛盾。

如果承包人具备实施某项暂估价的材料和工程设备的供应项目的资格和条件，在不违背现行法律、法规、规章和规范性文件的前提下，经发包人和承包人协商一致，该材料和工程设备在本合同中可转变为承包人自行采购的材料和工程设备。在此情况下，与之对应的总包管理、协调、配合、服务费用应当从承包人的合同价款中相应扣除。

25.3 承包人自行采购材料和工程设备

25.3.1 除第25.1款和第25.2款以外的非进口材料和工程设备由承包人按照合同文件约定的相应标准自行采购供应。

25.3.2 承包人代表应当在材料和工程设备到货24小时前以书面形式通知监理人，并提交制造商产品介绍说明、质量检测合格报告等一切所需的证明文件给监理人审核，以证明所供应的材料及设备符合要求。

25.3.3 承包人采购的材料和工程设备不符合合同文件的要求时，承包人应当按照监理人要求的时间将材料和工程设备运出施工现场，重新采购符合要求的产品，并承担由此发生的费用，延误的工期不予顺延。

25.3.4 由承包人自行采购材料和工程设备的，发包人不得指定制造商或供应商。

25.4 进口材料和工程设备

25.4.1 “技术标准和要求”中确定的进口材料和工程设备由发包人或承包人负责相应采购供应。

25.4.2 如果合同文件约定这些进口的材料和工程设备直接由发包人负责采购和办理

进口手续，则按照第 25.1 款中的相应约定执行，并由发包人承担进口材料和工程设备的一切费用。

25.4.3 如果合同文件约定进口材料和工程设备由承包人负责采购和办理进口手续，则承包人签约合同价中已包含此类材料和工程设备的价值以及与此类进口有关的任何关税（如果不是免税工程）、增值税、港口税费、运费及其他任何必要的费用；除非合同文件另有约定，承包人应当负责以发包人的名义办理完成与此类进口相关的申请、许可、证书、外汇使用、报关、清关等手续，并承担手续办理人员等的相关费用，但发包人应当提供给承包人一切必要的协助和支持。

25.4.4 如果因发包人原因导致进口材料和工程设备不能按照计划运抵现场并导致关键线路工程延误的，承包人应当及时通知监理人，发包人应当依据合同文件约定顺延合同工期并承担由此而发生的费用。

25.4.5 其他约定见“合同条款专用部分”。

26. 替代品

26.1 材料和工程设备的替代

合同文件约定的材料和工程设备出现下列情况时，承包人可按照本合同约定的程序使用替代品来实施工程或修补缺陷：

（1）政府或有关管理机构的后继规章、规定禁止使用；

（2）发包人或监理人要求使用替代品；

（3）其他原因使得使用替代品成为必要。

监理人依据本合同对使用替代品的批准以及承包人据此使用替代品，不应当解除承包人本合同约定的义务和责任。

26.2 使用替代品的程序

26.2.1 如果根据本合同约定使用替代品，承包人应当至少在替代品按照批准的进度计划将被用于永久工程 56 天前以书面形式通知监理人并随此通知提交下列文件：

（1）被替代的材料和工程设备的名称、数量、规格、型号、品牌、性能、价格及其他任何详细资料；

（2）替代品的名称、数量、规格、型号、品牌、性能、价格及其他任何必要的详细资料；

（3）替代品使用的工程部位及与之有关的所有合同文件索引；

（4）采用替代品的理由和原因申述；

（5）替代品与合同文件约定的产品之间的差异以及使用替代品后可能对工程产生的任何方面的影响；

（6）价格上差异；

（7）监理人为做出适当的决定而随时要求承包人提供的任何其他文件。

26.2.2 监理人在收到此类通知及上述文件后，应当在 28 天内向承包人给出书面指令。如果 28 天内监理人未给出书面指令，应当视为监理人已批准使用上述替代品，承包人可据此使用替代品。

26.2.3 任何情况下使用替代品都应当遵守合同文件中对材料和工程设备的约定。

26.3 使用替代品后监理人的决定

如果承包人根据本合同约定使用了替代品，监理人应当在与发包人和承包人协商后，在合理的期限内确定替代材料和工程设备与合同中约定的材料和工程设备之间的价差，并决定：

（1）如果替代材料和工程设备的价值高于合同中约定的材料和工程设备的价值，则将高出部分的价值追加到合同价款中并相应通知承包人；

（2）如果替代材料和工程设备的价值低于合同中约定的材料和工程设备的价值，则将节余部分的价值从合同价款中扣除并相应通知承包人。

27. 新材料、新技术及新工艺的运用

27.1 对于本合同履行过程出现的新材料、新技术或新工艺，合同文件内可能仅对其施工技术或验收标准做出了有关约定，或对某类新材料、新技术或新工艺并未约定具体的制造标准或实施方法。承包人应当按照监理人的指令提供施工工艺及相关资料和证明文件，并在取得监理人的书面批准后，方可使用于本工程。

27.2 采用新材料、新技术或新工艺时，承包人应当对作业人员进行相应的安全生产教育培训，进行技术交底与现场督导。

28. 工程量清单

28.1 计价依据和原则

28.1.1 本工程计价依据国家现行建设工程工程量清单计价规范，以及北京市工程造价管理部门颁发的相关配套计价管理规定。

28.1.2 本工程的计价活动（包括工程量清单和招标控制价编制及投标报价编制）遵循客观、公正、公平、诚实信用原则；同时还应当符合国家相关法律、法规、规章、规范性文件、规范和标准的规定。

28.2 工程量清单

28.2.1 除非特别说明是“暂定数量”，已标价的工程量清单内的项目、工作内容及数量均为发包人在本工程招标阶段按照合同文件要求列出的项目和工作内容并计算出的确定数量，发包人对工程量计算的准确性、完整性负责。

28.2.2 工程量清单中的工作子目划分和列项、工作内容的特征描述以及各子目的工程量都不应当理解为是对合同工作内容唯一的、最终的或全部的定义。

28.2.3 承包人在投标报价时，已按照合同文件约定理解工程量清单中各子目包含的工作内容以及相应的工程量计算规则。

29. 工程计量

29.1 工程量计算规则

29.1.1 适用于本工程的工程量计算规则是指国家现行的建设工程工程量清单计价规范中规定的工程量计算规则。

29.1.2 该工程量计算规则适用于本合同，包括合同履约过程中工程量计量与价款支付、工程变更及洽商处理等合同价款调整、工程结算时的工程量计量。如果上述工程量计算规则中缺少（或不适用）相对应的计量规则，则执行按照图纸标示的理论净量进行相应工程量计算的原则。

29.1.3 第 28.1.1 项和第 28.1.2 项中明确的工程量计算规则同样适用于合同履行过程中工程量计量与价款支付、工程洽商变更及洽商处理等合同价款调整、工程结算时的工程量计量。

29.2 工程计量

29.2.1 除非合同文件另有约定，承包人应当于每月 25 日以前向监理人提交已完工程量的报告；监理人接到报告后应当于 14 天内计量，发包人或监理人在 14 天内未计量时，承包人提交的工程量报告视为已被批准，并作为工程价款的支付依据。

29.2.2 当监理人要求对承包人申报的工程或工程变更进行审核或要求对工程的任何部位进行计量时，应当提前 1 天通知承包人参加计量，承包人应当立即派出一名合格的代表协助监理人进行上述审核或计量，并提供监理人所要求的一切详细资料；如果承包人未能参加上述审核或计量工作，则由监理人进行或批准的计量应当被视为是正确的计量。

29.2.3 对于永久工程的工程量计量，承包人应当准备好相应的图纸及其他必要的设计文件。此类图纸和其他设计文件应当事先提请发包人和监理人确认无误后，方可作为对上述永久工程进行计量的依据，任何以该图纸和其他设计文件为依据所得出的计量结果，发包人、监理人和承包人代表确认无误后进行签字。签字后的计量结果即作为确定工程价值、结算价款和按照第 33 条进行支付的有效依据。

29.2.4 除非按照第 32.3 款需执行的计日工项目的计量，所有关于永久工程的工程量计量，均应当按照图纸、指令、其他设计文件、工程量计算规则及其他合同文件的约定计算而得的结果为准，而不是按照任何实地计量获得的工程量为准。

30. 合同价款

30.1 计价和支付货币

除非合同文件另有约定，本合同下的计价、支付和结算均以人民币为计价货币。

30.2 合同价款

本合同采用的合同价款的约定方式见“合同条款专用部分”。

除非合同文件另有约定，本工程的合同价款应当按照以下含义理解：

（1）已标价的分部分项工程量清单的项目划分、工作内容和工程量将按照第 29.2 款的约定重新予以计量和调整；

（2）除暂估价的材料和工程设备的暂估价外，已标价的分部分项工程量清单中所有工作子目的综合单价（指根据本合同约定对承包人投标时可能存在不合理单价进行修正和调整后的综合单价）为在合同文件约定的风险范围内的固定综合单价。发包人不接受承包人基于任何工作子目单价在投标时的组价不当（包括但不限于工作子目对应的工作内容理解的偏差、工料机消耗量水平的确定、生产要素市场价格的判断、取费等）或任何其他差错而主张的任何损失或索赔；合同文件约定的综合单价风险范围见“合同条款专用部分”；

（3）本合同签订后，工程量清单中的措施项目费、其他项目清单中的总承包服务费的合同价款在合同文件约定的风险范围内固定不变。承包人已在投标阶段充分理解了发包人在招标文件中为其设定的所有义务、责任和条件，并在其投标价格中做了充分考虑；合同文件约定的措施项目费、其他项目清单中的总承包服务费风险范围见“合同条款专用部分”；

（4）合同价款中的各项取费，包括但不限于企业管理费、利润、税金的取费水平固定不变；

（5）其他约定见“合同条款专用部分”。

30.3 合同价款的调整

本合同价款在下述因素影响下按照下述规定予以调整：

（1）本合同签订后，法律、法规、规章和规范性文件发生变化，且这种变化对合同价款具有强制性调整作用时，合同价款按照相关法律、法规、规章和规范性文件予以调整；

（2）分部分项工程量清单最终的合同价款根据第29.2款约定对分部分项工程量清单的项目划分、工作内容和工程量重新计量和调整，并依据第32.1款变更计价原则确定的综合单价调整合同价款；

（3）按照第30.4款约定调整暂估价的专业分包工程合同价款；

（4）按照第30.5款约定调整暂估价的材料和工程设备合同价款；

（5）按照第30.6款约定调整计日工项目合同价款；

（6）按照第30.7款约定调整暂列金额合同价款；

（7）使用替代品时，按照第26条约定调整合同价款；

（8）发生变更时，按照第31条和第32条约定调整合同价款；

（9）按照合同文件约定的方法调整第30.2款约定的各项合同风险范围之外的风险引起的合同价款；合同文件约定的调整方法见“合同条款专用部分”；

（10）其他调整因素及方法见“合同条款专用部分”。

30.4 暂估价的专业分包工程的价款调整

暂估价的专业分包工程的整项暂估价应当按照第24.1款约定的方式确定的分包合同价款做出调整，但调整仅限于分包工程整项暂估价与实际分包工程合同价款的差额及相应税金，不再调整其他任何费用。

30.5 暂估价的材料和工程设备的价款调整

30.5.1 暂估价的材料和工程设备的暂估价应当按照第25.2款确定的实际供应价格（现场地面价）做出调整，但调整仅限于实际供应价格与暂估价之间的差额及相应税金，不再调整其他任何费用。

30.5.2 暂估价的材料和工程设备的暂估价为按照第25.2.4项确定的供应数量计算的应当付给供应商运送该材料或工程设备至现场地面层的暂估价，但并不包括承包人应当计取的辅材、采购保管费、二次搬运费、安装损耗费、报价风险费等。承包人参考此类暂估价而计算的辅材、损耗、人工、机械、企业管理费、利润、因发包人付款给承包人和承包人付款给供应商的付款办法差异所导致的额外财务负担、规费、税金等，以及除前述供应价格外的其他一切所需费用，已包括在合同价款中。

30.6 计日工项目的确定及价款调整

30.6.1 合同价款内包含的计日工项目费，是发包人为确定人工、材料和机械费单价，以给定的暂估工程量为基数确定的合同价款。

30.6.2 计日工项目发生时，应当按照第32.4款的约定计取并调整合同价款。

30.7 暂列金额的确定及价款调整

30.7.1 暂列金额是指发包人在工程量清单中暂定并包括在合同价款中的一笔款项。用于施工合同签订时尚未确定或者不可预见的所需材料、设备、服务的采购，施工中可能发生工程变更、合同约定调整因素出现时的合同价款调整以及发生的索赔、现场签证确认等的费用。

30.7.2 暂列金额属于发包人所有和支配，其使用完全由发包人决定，不纳入付款计划和工程计量中。

30.7.3 暂列金额应当按照发包人通过监理人在合同履行过程中所发出的指令部分或全部使用，并按照第31条和第32条约定的原则调整合同价款和用于支付，其余未使用的暂列金额应当从合同价款中予以扣除。

30.8 税金和政府费用

30.8.1 除非合同文件另有约定，承包人在其合同价款中已包含国家或有关部门规定的税金、收费和规费。

30.8.2 根据第31条发生的变更，或依据本合同约定发生的任何追加或扣减费用均应当计取国家或有关部门规定的税金。

31. 变更

31.1 变更

如果发包人认为有必要对工程或其中任何部分的形式、质量或数量做出变更，则发包人有权通过监理人指令承包人进行下述工作，承包人应当遵照执行：

（1）增加或减少本合同中所包括的任何工作的数量；

（2）改变合同中所包括的任何工作的性质、质量或类型；

（3）改变工程任何部分的标高、基线、位置或尺寸；

（4）改变工程任何部分的施工顺序或时间安排。

31.2 变更的影响

31.2.1 变更不应当以任何方式使合同失效，但所有变更对工程合同价款的影响（如果有的话）应当按照本合同约定进行变更计价。如果发包人通过监理人发出指令进行工程变更完全是因为：

（1）承包人的违约或毁约；

（2）承包人自身施工的方便；

（3）承包人施工措施需要；

（4）承包人其他的原因。

则由于上述原因引起的变更的费用应当由承包人承担。

31.2.2 在任何情况下，发包人通过监理人发出的变更指令应当符合适用的法律、法规、规章及规范性文件。发包人应当办理与此有关的手续、许可和证书等。

（1）如果承包人收到发包人通过监理人发出的设计变更指令后，认为执行该指令会引起其他相关工程变更事项，应当在收到指令后14天内向监理人提交相关工程变更事项的资料，以便通过监理人报发包人审批。逾期未提交的，视为承包人执行该指令并不会引起合同价款调整；承包人再提交其他相关工程的合同价款调整要求，将不予考虑；

（2）如果承包人收到发包人通过监理人发出的设计变更指令后，认为执行该指令会导致已完工程的返工或已采购或加工的材料及工程设备的报损与报废，应当在收到指令起14天内向监理人及通过监理人向发包人提出确认要求，并应当负责准备所有相关资料，以便监理人和发包人审批。逾期未提交的，视为承包人执行该指令并不会导致上述返工或报损与报废；承包人再提出的任何直接损失补偿要求，将不予考虑；

（3）发包人按照本款第（1）和第（2）项通过监理所审批的工程洽商和返工报损确认单，都应当获得发包人的签字确认。该等签字确认仅作为发包人对相关事件的发生予以确认，工程量的核准及合同价款调整均仍应当按照合同文件的约定执行。

31.3 变更的指令

31.3.1 无发包人通过监理人发出的书面指令，承包人不得做出任何工程变更。因承包人擅自变更设计发生的费用和由此导致发包人的直接损失，由承包人承担，延误的工期不予顺延。

31.3.2 如果工程量或工作内容的增加或减少不是由于变更造成，而是由于工程量清单中提供的工程量或工作内容与招标时的施工图纸存在差异，则发包人不必通过监理人为此发出增加或减少工程量的指令，该情况不属于本条所指的变更。

31.4 承包人提出的合理化建议

31.4.1 除非合同文件另有约定，在合同履行过程中承包人应当以书面形式向监理人或通过监理人向发包人提出有关本工程设计和施工的合理化建议。监理人和发包人通过监理人发出的对承包人的合理化建议的批准或认可，并不表示承包人的合理化建议构成本合同下所指的变更，也不表明发包人和监理人将承担任何责任。只有在下列条件全部满足的前提下，承包人的合理化建议才能构成本条所指的变更：

（1）承包人的合理化建议被证明是出于有利于发包人实现其本合同的目的和利益，或者是由于合同图纸、设计变更等有合同约束力的文件中错误或明显不合理或明显不可行；

（2）承包人的合理化建议所涉及的工作并非承包人（包括他的分包人或供应商）自身的施工质量缺陷、材料采购不力、技术力量不足、施工组织混乱或工程延误等原因。

31.4.2 按照上述规定，由监理人和发包人通过监理人发出的书面形式确认为变更的合理化建议将构成合同条款约定的变更，其计价应当按照第32条的有关约定执行。

31.4.3 在承包人的合理化建议为发包人带来额外经济效益的情况下，此类经济效益应当由发包人和承包人按照合同文件约定的比例进行分享，约定的比例见“合同条款专用部分”。

32. 变更的计价

32.1 变更的计价

除非合同文件另有约定，上述的所有变更以及需要按照本条要求予以确定其价格的追加或扣减项目（本合同中称为变更的工作），按照以下原则进行计价：

（1）合同文件中已有适用于变更工作的价格或费率，按照合同文件已有的价格或费率对变更工作进行计价；

（2）合同文件中只有类似于变更工作的价格，只要发包人和承包人都同意，则可采用合同文件中的价格作为基础对变更工作进行计价；

（3）合同文件中没有适用或类似于变更工作的价格，由承包人或发包人提出适当的变更价格，经对方确认后执行。其组价原则为：

（a）已标价的工程量清单中已有相应的人工、材料、机械消耗量的，按照已有的执行；如果没有，由承包人或发包人提出，经监理人审核后，报经对方确认后执行；

（b）已标价的工程量清单中已有相应的人工、材料和机械价格，按照已有的执行；如果没有，由承包人或发包人提出，经监理人审核后，报经对方确认后执行；

(c) 取费费率以已标价的工程量清单中确定的为准；

(d) 如果双方不能达成一致的，可直接按照第43条的约定解决争议。

32.2 变更计价的程序

32.2.1 在变更工作确定后14天内，变更工作涉及合同价款调整的，由承包人向监理人提出，监理人经发包人同意后，由监理人向承包人发出监理人和发包人同意调整合同价款的意见。承包人报送的变更计价文件中应当附套用单价的详细组价明细。

32.2.2 变更工作确定后14天内，如果承包人未提出变更工程价款报告，则发包人可根据自己所掌握资料和信息决定是否调整合同价款和调整的具体金额。但重大变更工作所涉及合同价款变更报告和确认的时限见“合同条款专用部分”。

32.2.3 收到变更合同价款报告一方，应当在收到之日起14天内确认或提出协商意见，自变更合同价款报告送达之日起14天内，对方未确认也未提出协商意见时，视为变更合同价款报告已被确认。

32.2.4 确认的工程变更价款应当与当期工程进度款同期支付。

32.2.5 按照指令完成变更及办理经济洽商不得影响工程的连续施工。在工程结算时双方仍有争议，则按照第43条的约定解决争议。

32.2.6 除非合同文件另有约定，承包人不得以发包人和承包人之间未能就变更工作的计价达成一致而拒绝实施变更工作。

32.3 计日工

32.3.1 如果发包人认为必要时，可通过监理人发出指令，规定以计日工的形式实施变更工作。

32.3.2 如果承包人认为相关变更工作不适宜按照第32.1款约定的变更计价方法计价，要求按计日工的方式计价，承包人应当在执行有关工作前不少于3天的时间向监理人提出书面申请，监理人商发包人后应当在2天内予以答复。

32.3.3 对此类变更工作，已标价的计日工项目清单中已有相应的人工、材料和机械价格，按照已有的执行；如果没有，由承包人或发包人提出，经对方确认后执行。

32.3.4 承包人应当向监理人提供可能需要的证实所付款额的收据或其他凭证，并且在订购材料之前，向监理人提交订货报价单供发包人和监理人批准。

32.3.5 对此类以计日工方式实施的工程，承包人应当在该工程持续进行过程中，每天向监理人提交：

(1) 聘用从事该工作的所有工人的姓名、工种和工时的确切清单；

(2) 所有该项工作所用和所需材料和工程设备的种类和数量的报表。

32.3.6 经发包人和监理人同意后，发包人和监理人应当在上述清单和报表上签字。发包人和监理人收到上述清单和报表后7天内未签字确认，同时又无任何其他批复意见，则视同发包人和监理人已确认。

32.3.7 承包人应当将当月发生的所有以计日工形式实施的工作汇总为一份报表，并随当月的进度请款单呈交给监理人，否则承包人无权获得与此有关的任何款项。

33. 支付

33.1 预付款

33.1.1 发包人应当在本合同签订后7天内将规费中的农民工工伤保险费全部支付给

承包人。

33.1.2 除非合同文件另有约定，发包人应当在本合同签订后30天内，不迟于约定的开工日期前7天内以无息的方式预付合同文件约定的工程预付款、安全文明施工费；工程预付款、安全文明施工费预付额度见“合同条款专用部分”。

33.1.3 工程预付款的抵扣起始时间和方式见“合同条款专用部分”。

33.2 工程进度款

33.2.1 工程进度款的付款周期

工程进度款的付款周期见“合同条款专用部分”。

33.2.2 进度报告

承包人应当按照合同文件约定时间和周期按照第13.4款要求编制进度报告，并作为进度请款单的附件或证明文件提交给监理人。进度报告的提交时间及周期见“合同条款专用部分”。

33.2.3 工程进度款申请

监理人在收到进度报告后14天内会同发包人完成审核和批复工作，并以书面形式通知承包人。承包人在收到此书面形式通知后14天内，根据发包人、监理人的审核和批复意见并按照监理人同意的格式，向监理人提交工程进度款申请，说明承包人认为自己在该付款周期内有权得到的款额，同时提交包括进度报告在内的必要的计算书、清单或其他证明文件。

除非合同文件另有约定，承包人当期应得的工程进度款包括承包人自行负责实施范围之内的工程进度款、由暂估价的专业分包工程的分包人负责实施范围之内的当期工程进度款和达到招标规模且采用招标方式确定的暂估价的材料和工程设备供应商负责供应的材料和工程设备采购供应款，其中：

承包人自行负责实施范围之内的工程进度款包括：

(1) 当期实施完成并经监理人计量确认的分部分项工程价款；

(2) 按照第33.3款确定的当期应当支付的措施项目费和总承包服务费；

(3) 当期采用非招标方式确定的暂估价的材料和工程设备的调整额；

(4) 依据合同文件当期应当增加或扣减的任何款项（包括计日工在内的变更），工期延误赔偿金除外。

由暂估价的专业分包工程分包人负责实施范围之内的当期工程进度款，为按照不同的暂估价的专业分包工程分包合同的付款条件列项和准备当期应当支付的暂估价的专业分包工程进度款，同时包括所有暂估价的专业分包工程分包人的工程进度款申请。

达到招标规模且采用招标方式确定的暂估价的材料和工程设备供应商负责供应的材料和工程设备采购供应款，为按照不同暂估价的材料和工程设备供应合同付款条件列项和准备当期应当支付的暂估价的材料和工程设备供应采购供应款，同时包括相应暂估价的材料和工程设备供应商的采购供应款申请。

33.2.4 进度款付款单

在不违背上述前提条件下，在收到承包人提交的进度款请款单后的14天内，监理人应当向发包人发送一份进度款付款单，列出其认为该期应当向承包人支付的金额及应当抵扣的预付款金额及按照合同文件约定应抵扣的其他款项金额，得到发包人批准后，将一份副本开具给承包人。该金额也应当按照第 33.2.3 项划分的项目分列为应当支付给承包人自行负责实施范围之内的工程进度款、应当支付给暂估价的专业分包工程分包人负责实施范围之内的当期工程进度款和达到招标规模且采用招标方式确定的暂估价的材料和工程设备供应商负责供应的材料和工程设备当期采购供应款，同时列明该期应当抵扣的预付款。如果监理人认为该期无任何应付款额，应当立即相应地通知承包人。

如果对承包人提交的进度款请款单的某部分有争议，监理人应当就无争议的部分开具进度款付款单。

33.2.5 工程进度款支付

除非合同文件另有约定，发包人在收到监理人按照第 33.2.4 款提交的进度款付款单后，按照发包人确认的当期应付工程进度款和应当抵扣的工程预付款，按照下述要求向承包人支付相应的工程进度款：

(1) 以发包人确认的承包人自行负责实施范围之内的工程进度款为基数，并以合同文件约定的工程进度款支付比例计算确定的款额扣减当期应当抵扣的工程预付款后支付承包人。工程进度款支付比例及时限见“合同条款专用部分”。

(2) 以发包人确认的暂估价的专业分包工程分包人负责实施范围之内的工程进度款为基数，并以暂估价的专业分包工程分包合同约定的工程进度款支付比例计算确定的款额扣减当期应抵扣的暂估价的专业分包工程预付款支付承包人。

(3) 按照发包人确认的达到招标规模且采用招标方式确定的暂估价的材料和工程设备供应商负责采购供应范围之内的当期材料和工程设备的采购供应款支付承包人。

33.3 措施项目价款及总承包服务费的支付

33.3.1 除按照第 33.1 款的约定于预付款支付时已支付给承包人的相关比例的安全文明施工费外，措施项目价款内所含的剩下的安全文明施工费及其他措施项目价款的支付方式见“合同条款专用部分”。

33.3.2 其他项目价款内的总承包服务费，应当按照各暂估价的专业分包工程和发包人发包专业工程当期累计完成的合同价款占暂估价的专业分包工程和发包人发包专业工程合同价款的比例而分摊支付；或按照各项暂估价的材料和工程设备供应项目和发包人供应的材料和工程设备供应项目的当期累计供应完成的供应价款占暂估价的材料和工程设备供应项目和发包人供应的材料和工程设备供应项目的供应合同价款比例而分摊支付。

33.3.3 如果承包人未填报所述项目的价款，则进度款支付时将不会支付任何相关价款。

33.4 延期支付

33.4.1 发包人未按照第 33.1 款的约定支付预付款，承包人应当及时向发包人发出书面催款通知，发包人收到通知后仍不能按照要求预付，经承包人同意后可延期支付，但应当与承包人协商签订延期付款协议并办理具有强制执行效力的公证文书。协议应当明确延期支付的时间和从应付之日起向承包人支付应当付款的利息（利率按照同期银行贷款利率计）。如果未达成延期付款协议，导致施工无法进行，承包人可按照第 38.1.1 项约定执行。

33.4.2 发包人未按照第 33.2 款的约定支付工程进度款，承包人应当及时向发包人发出书面催款通知，发包人收到承包人书面形式通知后仍不能按照要求付款，经承包人同意后可延期支付，但应当与承包人协商签订延期付款协议并办理具有强制执行效力的公证文书。协议应当明确延期支付的时间和从工程计量结果确认后第15天起向承包人支付应当付款的利息（利率按照同期银行贷款利率计）。如果未达成延期付款协议，导致施工无法进行，承包人可按照第38.1.1项约定执行。

33.4.3 发包人未按照第36.2款的约定支付结算价款，承包人应当及时向发包人发出书面催款通知，发包人收到承包人书面形式通知后仍不能按照要求付款，经承包人同意后可延期支付，但应当与承包人协商签订延期付款协议并办理具有强制执行效力的公证文书。协议应当明确延期支付的时间和从应付之日起向承包人支付应当付款的利息（利率按照同期银行贷款利率计）。如果未达成延期付款协议，承包人可与发包人协商将该工程折价，或申请人民法院将该工程依法拍卖，承包人就该工程折价或者拍卖的价款优先受偿。

33.5 外汇和汇率

如果合同文件约定，本合同（或部分）采用外币计价、支付和结算，则该外币与人民币之间汇率或确定该外币与人民币之间汇率的原则和方法见“合同条款专用部分”。

34. 工程竣工

34.1 竣工验收的条件

除非合同文件另有约定，只有当工程（或区段及部分）具备以下条件时，承包人方可按照本合同约定申请竣工验收：

（1）本工程按照合同文件约定实施完毕；

（2）申请竣工验收的资料齐备完整；

（3）符合政府或有关管理机构规定的其他任何竣工条件。

34.2 竣工验收

34.2.1 当承包人认为本工程已具备第34.1款中约定的竣工验收条件时，应当提交竣工验收申请报告给监理人审查。

34.2.2 监理人审查后认为已具备第34.1款约定的竣工验收条件时，应当在合同文件约定的时间内，提请发包人组织进行工程验收，发包人应当在合同文件约定的时间内，组织监理人、承包人、设计人及相关人员，按照国家有关法律、法规和北京市的有关规定和程序对工程进行竣工验收。监理人提请发包人组织进行工程验收的时间及发包人组织竣工验收的时间见“合同条款专用部分”。

34.2.3 监理人审查后认为尚未达到第34.1款约定的竣工验收条件时，应当在合同文件约定的时间内，通知承包人还需进行和完善的工作内容。承包人完成监理人通知的全部工作内容后，应当再次提交竣工验收申请报告，直至监理人同意为止。监理人对承包人提交的竣工验收申请报告提出审查修改意见的时间见“合同条款专用部分”。

34.3 未能通过竣工验收

如果本工程或某区段未能通过竣工验收，则承包人应当根据验收结果对本工程或某区段进行整改或修复。整改修复完毕之后，重新办理验收。

34.4 通过竣工验收

34.4.1 如果本工程通过了第34.2款所述的竣工验收或第34.3款所述的重新验收，则发包人、监理人、承包人、设计人及相关人员共同签署竣工验收文件，竣工验收文件上应当写明竣工验收合格的日期，该日期即为本工程实际竣工日期；如果承包人按照第

34.2 款的约定向监理人提交了经监理人审查同意的竣工验收申请报告，但发包人未在第 34.2 款约定的时间内组织竣工验收，则承包人向监理人提交经监理人审查同意的竣工验收申请报告之日为实际竣工日期；如果承包人尚未按照第 34.2 款的约定向监理人提交经监理人审查同意的竣工验收申请报告，发包人擅自进驻或使用本工程，则发包人进驻或使用本工程之日为实际竣工日期。

34.4.2 如果承包人书面承诺会履行余下的责任，在办理完竣工验收手续后，发包人有权允许承包人将少量不重要的工作在缺陷责任期内完成。承包人应当在指定的时间内完成该等剩余工作。

34.5 工程竣工

34.5.1 当本工程按照第 34.4 款办理了竣工验收手续，即表明工程具备移交条件，可按照第 35.1 款进行移交。

34.5.2 在办理本工程竣工移交前，承包人还应当按照监理人的指令，从现场撤除其经监理人批准的且不属于建设工程主体附件的所有的临时设施、机械、材料和工程设备、人员，经监理人同意的用于保修和办理移交目的（不得妨碍发包人使用已完工程）的除外。

34.5.3 届时承包人不得以任何借口拖延撤除上述临时设施等的时间，否则赔偿由此给发包人造成的损失。

34.6 竣工资料

本工程竣工验收后 30 天内，承包人应当向发包人提交合同文件约定的符合国家及北京城市建设档案馆存档要求的全部竣工资料（包括全套竣工图）以及合同文件约定的其他资料。合同文件约定的其他资料及竣工资料份数见“合同条款专用部分”。

35. 工程移交

35.1 本工程按照第 34.5 款具备移交条件，在合同文件约定的相应时间内，承包人应当向发包人移交工程，在此移交过程中，承包人应当全面积极地配合发包人做好移交工作。移交工程的相应时间见“合同条款专用部分”。

35.2 承包人未能如期向发包人移交工程，承包人应当承担对发包人所造成的损失。

35.3 发包人如果在本工程尚未正式竣工及尚未取得承包人同意时进驻或使用本工程，发包人应当承担由此而对本工程造成的损害责任并赔偿由此给承包人造成的损失。

35.4 发包人在工程竣工验收合格后无故拒绝承包人移交本工程，发包人应当赔偿由此给承包人造成的损失。

36. 竣工结算

36.1 竣工结算报告

36.1.1 本工程竣工后，承包人应当在提交竣工验收报告的同时，直接向发包人提交竣工结算报告和完整的竣工结算资料。

36.1.2 对承包人提交的竣工结算报告和竣工结算资料，发包人可按照合同的约定进行审核，并提出审核意见。完成审核的时间见“合同条款专用部分”。

36.1.3 如果本工程由若干个单项工程组成，承包人应当在本工程最后一个单项工程竣工结算审核确认后 14 天内，汇总本工程的总结算并直接提交给发包人；发包人应当在收到承包人提交的总结算汇总资料后 28 天内完成结算审核。

36.1.4 发包人收到竣工结算报告及完整的竣工结算资料后，在合同文件约定的期限内对结算报告及资料未提出意见，则视同认可。

36.1.5 如果承包人未能根据本条款的规定提交竣工结算报告和竣工结算资料，发包人应当以书面形式通知承包人补充提交；如果承包人在收到此类通知后14天内仍未提交，发包人可直接按照其认为应当支付的竣工结算金额，向承包人开具竣工结算书。

36.1.6 其他约定见“合同条款专用部分”。

36.2 工程竣工价款结算

36.2.1 在承包人书面形式确认了发包人审定的结算报告后的14天内，发包人将扣除合同约定的质量保证金外的全部结算款项支付给承包人。

36.2.2 发包人有权从应当支付给承包人的款项中（包括质量保证金）扣除或抵消承包人按照本合同约定应当付给发包人的任何款项，但如果承包人对有关的扣除或抵消提出异议，双方可按照第43条的约定解决争议。

36.2.3 发包人和承包人对工程竣工结算价款发生争议时，双方按照第43条的约定解决争议。

36.3 质量保证金

在按照本合同约定做结算支付时，发包人将从结算尾款中扣留出一笔金额作为本工程的“质量保证金”。

质量保证金的额度、支付时间和方式见“合同条款专用部分”。

37. 保修

37.1 工程质量保修书

承包人在向发包人提交工程竣工验收报告时，应当向发包人出具质量保修书。质量保修书中应当约定保修期、保修范围、承包人未履行保修义务的后果与责任、缺陷原因调查、缺陷责任终止等内容。质量保修书中关于上述内容的约定，不能降低合同文件中约定的标准。

37.2 保修期与缺陷责任期

37.2.1 保修期按照法律、法规及建设行政主管部门最新颁布的关于整个工程和其中的各个专业工程不同的保修期规定执行。缺陷责任期按照本合同中的约定执行，本工程的缺陷责任期见“合同条款专用部分”。

37.2.2 如果相关工程的保修期未满而缺陷责任期已满，不会解除承包人按照规定应当承担的相关保修责任。

37.2.3 保修期和缺陷责任期限应当从第34.4款提及的工程竣工验收合格之日起计算。由于承包人原因导致工程无法按照约定期限进行竣工验收的，缺陷责任期从实际通过竣工验收之日起计。由于发包人原因导致工程无法按照约定期限进行竣工验收的，在承包人提交竣工验收报告90天后，工程自动进入缺陷责任期。

37.3 保修费用

37.3.1 保修期及缺陷责任期内发现的任何缺陷或其他过失如果属于因承包人的材料及工程设备或施工技术等不符合本合同约定而导致，承包人在收到发包人要求修补的指令后在合同文件约定的合理时间内自费进行修补，按照指令上明确的期限完成修补工作，并承担鉴定及维修费用。承包人维修并承担相应费用后，不免除对工程的一般损失赔偿责任。承包人在收到发包人要求修补的指令后，修补开始的时间见“合同条款专用部分”。

37.3.2 承包人在收到发包人要求修补的指令后，未能在上述合理的时间内进行缺陷修复，发包人可委托他人按照合同约定的要求进行缺陷修复，所发生的费用发包人可从承包人的质量保证金中扣除，并由承包人承担违约责任。同时发包人应当以书面形式将这种情况通知承包人。

37.4 缺陷责任终止

37.4.1 如果承包人已完全履行了本条约定的缺陷责任期内的保修义务，则在第37.2款中约定的缺陷责任期结束之日后14天内，发包人应当与承包人办理缺陷责任终止手续。

37.4.2 缺陷责任终止后，承包人应当向发包人提交最终价款结清申请单，并提供相关证明材料。发包人按照本合同约定向承包人返还剩余的质量保证金，并办理最终价款结清手续。

38. 违约

38.1 发包人违约

38.1.1 承包人有权暂停施工

如果发包人未能在第33条约定的付款时间内向承包人支付按照本合同应当支付的款项，承包人可向发包人发出书面催款通知；如果发包人在收到该催款通知后的28天内未支付相关的款项且未与承包人按照第33.4.2项达成延期付款协议，承包人有权暂停本工程或减缓施工进度，由此而发生的全部增加费用，均由发包人承担，工期相应顺延。

如果发包人在收到承包人发出的暂停工程或减缓工程进度的通知后，随后即支付包括约定利息在内的应当支付的款项，而承包人尚未发出解除合同的通知，则承包人依据第38.1.2项所享有的解除合同的权利即告失效，承包人应当尽快恢复正常施工。

本款的约定并不影响承包人依据第38.1.2项应当享有的其他权利。

38.1.2 承包人有权解除合同

如果发包人发生下述情况之一，承包人可向发包人发出拟解除合同的书面形式通知，并相应的通知监理人。如果发包人在收到承包人发出的上述通知后28天内仍然持续该等过失，则承包人有权解除本合同：

(1) 在收到承包人按照第38.1.1项发出的催款通知后的56天内，未能向承包人支付本合同约定应当支付的款项；

(2) 连续暂停工程超过84天；

(3) 独立供应材料和工程设备不符合强制性标准，致使承包人无法施工，且在催告后仍未履行相应义务。

如果发包人破产或无力偿还债务或发生非重组、重建或合并时，则承包人有权立即解除本合同。

38.1.3 承包人停止工作及撤离

根据第38.1.2项解除合同后，承包人应当继续做好以下工作：

(1) 按照监理人的指令，完成为保护已完工程的安全而应当进行的工作及为保持现场整洁、安全所要求的工作后，停止一切进一步的工作；

(2) 向发包人移交承包人已得到相应付款的所有施工文件、工程设备与材料；

(3) 向发包人移交至终止日期为止承包人已实施的并已得到其付款的部分工程；

(4) 从现场撤离所有承包人的设备及所有职员和劳务人员。

任何此类终止不应当损害承包人根据本合同应当享有的其他权利。

38.1.4 合同解除后的支付

根据第38.1.2项合同解除后，发包人应当退还承包履约保函，并支付给承包人按照第33条应当支付的所有款项，及由于合同解除而使承包人蒙受的任何损失，包括未完成工程的利润损失。

38.2 承包人违约

38.2.1 发包人有权解除合同

如果承包人发生下述情况之一，发包人可向承包人发出拟解除合同的书面形式通知，并相应的通知监理人。如果在承包人收到发包人发出的上述通知后14天内仍然持续该等过失，则发包人有权解除本合同：

(1) 明确表示或者以行为表明不履行合同主要义务，又不遵照发包人和监理人的要求，在约定的合理时间内改正此类过失或违约行为；

(2) 无正当理由而未能进场开工，又不能遵照发包人和监理人的要求在约定的合理时间内改正此类过失或违约行为；

(3) 未能在收到通知和指令后14天内履行按照第21.4款发出的指令；

(4) 将承包的建设工程转包、违法分包的；

(5) 已完成的建设工程质量不合格，并拒绝修复的；

(6) 违反第8.1.9项的要求。

如果承包人破产、无力偿还债务、发生非重组重建或合并时、失去政府所颁发的实施本合同工作所必须的资质或资格，则发包人有权立即解除本合同。

38.2.2 发包人接收现场

发包人有权在合同解除后，随时接收并进驻现场。

除解除合同的原因是承包人破产或清盘外，如果发包人在终止合同后14天内提出要求，承包人应当将任何为本合同而供货或施工的合同利益免费转让给发包人，但有关供应商或分包人有权对发包人的任何再转让提出合理反对。在任何情况下，只要承包人未支付为本合同而采购的材料和工程设备或执行了的工作的费用，发包人便可将有关费用支付给相应供货人或分包人。

承包人应当在发包人要求的时间内将其拥有或租赁的临时建筑物、机械、工具、设备和材料运出现场。如果承包人在发包人提出要求后的合理时间内仍未执行，发包人可（但不必对任何损失或破坏负责）运出现场和出售承包人的任何前述资产，并将扣除运出现场和出售过程所发生费用后的出售所得收入归还给承包人。

38.2.3 合同解除后的支付

在发包人进行任何此类接收现场和解除合同后，发包人应当尽快与各方协商后，确定和决定：

(1) 在上述接收现场与解除合同之时，承包人就其按照合同文件约定实际完成的工程价值，已合理得到或理应得到的款额；

(2) 按照上述条款规定所有权获得转让的承包人的未曾使用的任何材料和工程设备、

承包人的施工机械及临时设施等的价值。

承包人应当赔偿发包人因终止合同所导致的任何直接损失。在第 38.2.2 项所述的工作完成及有关价款确定前，发包人不必再支付承包人任何款项，但在该工作完成及在合理时间内结算完毕价款后，发包人应当确定其所发生的正当费用金额和其因终止合同所蒙受的损失金额；如果该等金额再加上终止合同前已支付给承包人的金额超过了按照终止合同阶段累计完成工作量所核定的应当支付给承包人的全部款项，则两者的差额应当成为发包人从按照合同文件约定应当补充支付给承包人的款项内扣除的款项或承包人应当归还给发包人的债权；如果前述金额的总数少于前述款项，则两者的差额应当成为发包人应当补充支付给承包人的款项。发包人行使终止合同的权利，并不影响其拥有的其他权利或补偿。

在发包人按照本条约定解除合同之后，当合同双方未确定为完成工程而应当进行或按照合同发包人将发生的施工、竣工及修补任何缺陷的费用、误期违约金和误期赔偿金（如果有的话），以及由发包人应当支付的所有其他费用之前，发包人无义务向承包人支付任何进一步的款额。

39. 索赔

39.1 承包人索赔

39.1.1 如果发包人未能履行合同文件约定的义务或如果发包人履行的义务存在错误给承包人造成损失，承包人可按照以下约定向发包人提出索赔。

39.1.2 承包人索赔的提出：

（1）承包人应当在知道或应当知道索赔事件发生后 28 天内，向发包人提交索赔意向报告，并说明提出索赔的理由。

（2）承包人应当在发出索赔意向报告后 28 天内，向发包人正式提交索赔报告。索赔报告应当详细说明索赔理由以及要求追加的付款金额和（或）延长的工期，并附必要的记录和证明材料。

（3）索赔事件具有连续影响的，承包人应当按照合理时间间隔继续递交延续索赔报告，说明连续影响的实际情况和记录，列出累计的追加付款金额和（或）工期延长天数。

（4）在索赔事件影响结束后的 28 天内，承包人应当向发包人提交最终索赔报告，说明最终要求索赔的追加付款金额和延长的工期，并附必要的记录和证明材料。

39.1.3 承包人索赔的处理：

（1）发包人收到承包人提交的索赔报告后，应当及时审查索赔报告的内容、查验承包人的记录和证明材料，必要时发包人可要求承包人提交全部原始记录复印件。

（2）发包人应当按照合同文件约定对承包人提出的追加付款和（或）延长工期的要求进行审核和确认，并在收到上述索赔报告或有关索赔的进一步证明材料后的 28 天内，将索赔处理结果答复承包人。

（3）如果发包人在收到上述索赔报告或有关索赔的进一步证明材料后的 28 天内未答复承包人处理结果的，则视同发包人接受了承包人的索赔要求。

（4）承包人接受索赔处理结果的，按照第 39.1.5 项完成赔付。承包人不接受索赔处理结果的，按照第 43 条的约定解决争议。

39.1.4 承包人提出索赔的期限：

（1）如果承包人未按照第 39.1.2 项的时间要求提出索赔，视为承包人已放弃了对相关事件的索赔。

(2) 如果承包人以书面形式确认了发包人审定的竣工结算报告后，应当被认为已无权再提出竣工结算前所发生的任何索赔。

(3) 承包人提交的最终合同价款结清申请单中，只限于提出承包人书面形式确认了发包人审定的竣工结算报告后发生的索赔。提出索赔的期限自办理完合同价款最终结清手续之日止。

39.1.5 承包人的索赔要求被批准后，其应当获得的索赔款由发包人随当期工程进度款支付。

39.2 发包人的索赔

39.2.1 如果承包人未能按照本合同约定履行义务或承包人所履行的义务存在错误给发包人造成损失，发包人可按照以下约定向承包人提出索赔。

39.2.2 发包人索赔的提出：

(1) 发包人应当在知道或应当知道索赔事件发生后28天内，向承包人提交索赔意向报告，并说明提出索赔的理由。

(2) 发包人应当在发出索赔意向报告后28天内，向承包人正式提交索赔报告。索赔报告应当详细说明索赔理由以及有权得到的索赔金额和（或）延长的缺陷责任期，并附必要的记录和证明材料。

(3) 索赔事件具有连续影响的，发包人应当按照合理时间间隔继续提交延续索赔报告，说明连续影响的实际情况和记录，列出累计的索赔金额和（或）缺陷责任期延长天数。

(4) 在索赔事件影响结束后的28天内，发包人应当向承包人提交最终索赔报告，说明最终要求索赔的金额和延长的缺陷责任期，并附必要的记录和证明材料。

39.2.3 发包人索赔的处理：

(1) 承包人收到发包人提交的索赔报告后，应当及时审查索赔报告的内容、查验发包人的记录和证明材料，必要时承包人可要求发包人提交全部原始记录副本。

(2) 承包人应当按照合同文件约定对发包人提出的索赔金额和（或）延长的缺陷责任期的要求进行审核和确认，并在收到上述索赔报告或有关索赔的进一步证明材料后的28天内，将索赔处理结果答复发包人。

(3) 如果承包人在收到上述索赔报告或有关索赔的进一步证明材料后的28天内未答复发包人处理结果的，则视同承包人接受了发包人的索赔要求。

(4) 发包人接受索赔处理结果的，按照第39.2.5项的约定完成赔付，发包人不接受索赔处理结果的，按照第43条的约定解决争议。

39.2.4 发包人提出索赔的期限：

(1) 如果发包人未按照第39.2.2项的时间要求提出索赔，视为发包人已放弃了对相关事件的索赔。

(2) 当发包人开具了第36.1款所约定的竣工结算书后，应当被认为已无权再提出竣工结算前所发生的任何索赔。

(3) 发包人在开具竣工结算书后，所提出的索赔要求，只限于开具竣工结算书至办理合同价款最终结清手续期间所发生的索赔事件。提出索赔的期限至办理完合同价款最终结清手续之日止。

39.2.5 承包人应当付给发包人的索赔金额可从发包人拟支付给承包人的合同价款中扣除，或由承包人以其他方式支付给发包人。当拟支付给承包人的合同价款已不足以满足索赔金额时，承包人应当在接受索赔处理结果后 28 天内，将其差额赔偿给发包人。

39.3 非索赔事项

以下事项按照相关条款处理，并不视作本条款所述之索赔：

（1）变更对合同价款的增减按照第 31 条和第 32 条的约定办理；

（2）保险事宜之索赔按照保险条款处理。

40. 保险

40.1 人身财产损伤和发包人的保障

承包人应当对与本工程实施期间发生的因施工所导致的人身伤亡及财产损坏承担费用、责任、损失、索赔或诉讼的法律责任，并应当保障发包人免于承担该等责任，除非有关伤亡是发包人或其应当负责人士所导致。

40.2 运输险及存仓保险

承包人应当负责其供应的材料及设备在运送途中直至运抵现场的安全；如果认为有需要，承包人应当自行购买有关保险。

40.3 建筑工程一切险和第三者责任险

发包人负责办理建筑工程一切险及第三者责任险，并将一份保险单复印件转交承包人，但承包人按照本合同所承担的义务及责任并不会因发包人办理保险及承包人是否已阅读及了解保单内容而受到影响。

承包人应当自行决定发包人提供保单之保险范围、赔额、类别等是否能满足承包人的要求，如果承包人认为不足保障其风险，承包人应当自费补充投保。如果承包人另外增加保险，承包人应当将生效后的投保保险单和收据的复印件立即交给发包人备案。

承包人被视为已清楚明确保险单内的一切条款，并会积极遵循保险条款和承保人关于解决索赔、追讨损失和防止意外的一切合理要求，和自费负责因其未能遵循所导致的后果。承包人应当尊重保险索赔的结果，并放弃对发包人因处理保险事宜所引起的一切赔偿及责任的追讨。

保险期如果因承包人的过失而需延长，由此而增加的保险费均由承包人负担。

关于一切险的索赔提交给承保人后，承包人应当把损坏的工作迅速复原，替换或修补、运出和处理任何损失了或损坏了的未安装材料及设备的残砾和继续执行和完成本工程。发包人应当将所有通过保险获得的款项按照进度款的付款方式而分期支付给承包人。除保险所得的款项外，承包人不能对损坏工作的复原、未安装材料及设备的替换和修补、废砾的运出和处理收取其他费用。

在承保人的赔偿未发放前，所有关于本工程的抢险费用均先由承包人垫付。

如果本工程或与本工程有关的人员或第三者受到损伤或发生事故，承包人应当立即通知发包人，并以书面形式详述经过。

40.4 农民工工伤保险

承包人应当为本工程施工的农民工办理工伤保险，工伤保险期限自建设工程开工之日起至合同终止之日止。

承包人应当在发包人办理施工许可手续前将为参加本工程施工的所有专业承包人、劳务分包人应当缴纳的农民工工伤保险费，一次性缴纳到区县社保经办机构，保障参保资金的落实，简化工伤保险费征缴手续，并及时将注明本工程名称的《社保登记证》和农民工工伤保险的缴费凭证及证明提交给发包人。

承包人应当按照北京市关于农民工工伤保险的有关规定作好相关工作。

40.5 其他商业保险

承包人必须为从事危险作业的职工办理意外伤害保险，支付保险费。为了分散或降低风险，承包人可办理其他商业保险，其费用由承包人自行负担。

41. 保证担保

41.1 预付款保证担保

41.1.1 如果合同文件约定，发包人向承包人支付预付款时，承包人应当向发包人提交同等金额的预付款保证担保，承包人应当在发包人支付预付款的同时向发包人提交预付款保证担保。承包人办理预付款保证担保的费用已包括在合同价款内。发包人是否要求承包人提交预付款保证担保见“合同条款专用部分”。

41.1.2 承包人不能按照合同文件约定使用预付款的，发包人有权要求保证人承担保证担保责任。

41.1.3 预付款保证担保的有效期截至预付款全额返还或抵扣完之日。

41.2 承包履约保证担保

41.2.1 如果合同文件约定，承包人应当向发包人提交承包履约保证担保，承包人应当在签订合同时，向发包人提交承包履约保证担保。承包人办理承包履约保证担保的费用已包括在签约合同价内。发包人是否要求承包人提交承包履约保证担保及其额度见“合同条款专用部分”。

41.2.2 承包履约保证担保有效期应当截止至本工程约定的竣工日期后的 30 天至 180 天。即便本工程的工期由于第 17.1 款所述的原因而延长，承包人也应当延长担保有效期，但发包人应当承担增加了的担保费用。承包履约保证担保有效期的截止时间见“合同条款专用部分”。

41.2.3 承包人不能按照合同文件履行其义务的，发包人有权要求保证人承担保证担保责任。发包人向保证人提出索赔之前，应当以书面形式通知承包人，说明其违约情况并提交监理人对承包人违约的书面形式确认书。如果发包人索赔的理由是因建筑工程质量问题，发包人还应当同时提交承包人出具的确认建筑工程质量问题的证明文件，或者具有法定资质的建筑工程质量检测机构出具的检测报告。

41.2.4 其他约定见“合同条款专用部分”。

41.3 工程款支付保证担保

41.3.1 发包人要求承包人提交承包履约保证担保的，发包人应当同时向承包人提交与承包履约保证担保等额的工程款支付保证担保。

41.3.2 工程款支付保证担保有效期至发包人根据本合同约定完成了除工程质量保证金以外的全部合同价款支付完毕之日起 30 天至 180 天。工程款支付保证担保有效期的截止时间见“合同条款专用部分”。

41.3.3 承包人向保证人提出索赔之前，应当以书面形式通知发包人，说明其违约情况并提交发包人未按照本合同约定支付工程款的证明。

41.3.4 其他约定见“合同条款专用部分”。

41.4 质量保证金保证担保

41.4.1 如果合同文件约定，发包人要求承包人向发包人出具质量保证金保证担保的方式来取代在工程结算付款中扣留一定比例质量保证金的方式，承包人应当向发包人提交为承包人开具的质量保证金保证担保。发包人是否要求承包人提交质量保证金保证担保及其保证担保期限见“合同条款专用部分”。

41.4.2 承包人不履行保修责任时，发包人有权要求保证人承担质量保证担保责任。

41.5 相关约定

41.5.1 保证人应当是依法设立的有资格的银行业金融机构或者专业担保公司。

41.5.2 工程款支付保证担保和承包履约保证担保、工程款支付保证担保和预付款保证担保不得为同一保证人。

41.5.3 保证担保均以保函的形式出具。保证人应当在保函中明确赔付方及期限。

41.5.4 保证担保的保证方式为连带保证担保，责任条件为有条件担保。

41.5.5 保函应当为不可撤销保函，在保函约定的有效期届满之前，除因本合同中止执行、解除或法律法规规定的情况外，保证人、债务人和债权人不得以任何理由撤保。

41.5.6 保函约定的有效期已届满，或保函约定的担保金额已被债权人全部索赔，但债务人尚未实际履行完合同约定的义务时，债务人应当按照约定重新提交保函。

42. 不可抗力

42.1 不可抗力

42.1.1 不可抗力一般包括以下的情况：

（1）国家权威部门发布且被界定为灾害的瘟疫、地震、洪水、风灾、雪灾等；

（2）战争；

（3）离子辐射或放射性污染；

（4）以音速或超音速飞行的飞机或其他飞行装置产生的压力波，飞行器坠落；

（5）动乱、暴乱、骚乱或混乱，但完全局限在承包人及其分包人、聘用人员内部的事件除外；

（6）因适用法律的变更或任何适用的后继法律的颁布所导致本合同的履行不再合法。

42.1.2 如果在合同生效日期后发生不可抗力事件，从而阻止合同义务的履行，在该不可抗力影响的范围内，发包人和承包人均不应当被认为违约或毁约。但如果发包人或承包人延迟履行其合同义务以后发生不可抗力事件，则不能免除其相应的责任。

42.2 发包人和承包人的义务 42.2.1 如果发包人认为某一事件已构成不可抗力并可能影响其履行义务，则在此事件发生时，应当及时通知承包人和监理人，并且只要合理可行，应当尽力继续履行其合同中的义务。发包人还应当将他的建议通知监理人和承包人，目的在于完成工程以及减少发包人和承包人任何损失。

42.2.2 如果承包人认为某一事件已构成不可抗力并可能影响其履行义务，则在此事件发生时，应当及时通知监理人，并且只要合理可行，应当尽力继续履行其合同中的义务。承包人还应当将他的建议通知监理人，包括任何合理的履约替代方法。但未经监理人的同意，承包人不得实施此类建议。

42.3 不可抗力发生情况下的付款

如果由于不可抗力的发生造成本工程的损失和损害，承包人有权要求发包人将该事件发生前按照合同所完成的工程款项及时支付给承包人。

42.4 不可抗力造成损害的责任划分

除非合同文件另有约定，不可抗力导致的人员伤亡、财产损失、费用增加和（或）工期延误等后果，由合同双方按照以下原则承担：

（1）永久工程，包括已运至施工场地的材料和工程设备的损害，以及因工程损害造成的第三者人员伤亡和财产损失由发包人承担；

（2）承包人施工机械设备的损坏由承包人承担；

（3）发包人和承包人各自承担其人员伤亡和其他财产损失及其相关费用；

（4）承包人的停工损失由承包人承担，但停工期间应监理人要求照管工程和清理、修复工程的费用由发包人承担；

（5）不能按期完工的，应当合理延长工期，承包人不需支付逾期完工违约金。发包人要求赶工的，承包人应当采取赶工措施，赶工费用由发包人承担。

42.5 避免和减少不可抗力损失

不可抗力发生后，发包人和承包人均应当采取措施尽量避免和减少损失的扩大，任何一方未采取有效措施导致损失扩大的，应当对扩大的损失承担责任。

42.6 因不可抗力解除合同

42.6.1 如果不可抗力事件的发生持续超过182天，则尽管批准了工期延长，合同双方仍均可向对方发出解除合同的通知，在该通知送达对方时，本合同自动解除。

42.6.2 合同解除后，承包人应当按照第38.1.3项约定撤离施工场地。已订货的材料、工程设备由订货方负责退货或解除订货合同，不能退还的货款和因退货、解除订货合同发生的费用，由发包人承担，因未及时退货造成的损失由责任方承担。合同解除后的付款，参照第38.1.4项约定确定。

43. 争议

43.1 争议解决方式

43.1.1 如果发包人和承包人由于本合同的履行而发生任何争议时，双方可先通过友好协商或者邀请第三方调解此类争议。任何一方不愿通过协商或调解解决争议或通过协商或调解仍不能解决争议，则双方中任何一方均可按照合同文件约定的以下一种方式解决争议：

（1）第一种解决方式：双方达成仲裁协议，向约定的仲裁委员会申请仲裁；

（2）第二种解决方式：向有管辖权的人民法院起诉。

争议的解决方式见“合同条款专用部分”。

43.2 发生争议时合同的履行

发生争议后，除非出现下列情况的，发包人和承包人都应当继续履行合同，保持施工连续并保护好已完工程：

（1）单方违约导致本合同确已无法履行，双方协议停止施工；

（2）不可抗力导致本合同无法履行；

（3）调解要求停止施工，且为双方接受；

（4）仲裁机构要求停止施工；

（5）法院要求停止施工。

44. 专利权

44.1 承包人应当保护和保障发包人免于承担由于工程所用的或与工程有关的或供工程使用的任何承包人的工程设备、材料、施工机械、工艺、方法等方面侵犯任何专利权、设计商标或名称或其他受保护的权利而引起的一切索赔和诉讼，并应当保护和保障发包人免于承担由此导致或与此有关的一切损害赔偿费、诉讼费和其他费用，但如果此种侵犯是由于遵照发包人提供的设计或技术规范引起者除外。

44.2 合同价款内均已包含承包人按照合同文件约定实施及完成本工程所涉及的任何专利物品、程序或发明的专利权使用费。

44.3 应承包人要求并在由其承担费用的情况下，发包人应当协助承包人对任何上述索赔和诉讼进行争辩，承包人应当偿付给发包人由此而导致的全部合理的开支。

45. 地下文物

45.1 在工程现场发掘出的所有化石、古币、文物以及具有地质或考古价值的其他遗迹或物品，均应当被视为属于国家财产，由发包人负责根据国家有关法律、法规的要求而进行处理。

45.2 承包人一旦发现上述物品，应当立即将此类发现以书面形式通知发包人、监理人和相关政府主管部门，由发包人批示如何处理。承包人应当采取合理的预防措施，防止其工人或其他任何人员移动或损坏任何此类物品，承包人由此发生的费用由发包人补偿，工期相应顺延。

45.3 未征得监理人及发包人书面同意前，承包人不得对此等发现物进行任何移动或破坏。如果承包人未征得监理人及发包人书面同意前移动或破坏了上述发现物，由此产生的一切责任和赔偿费用均由承包人承担。

46. 严禁贿赂

如果发包人或承包人及其任何分包人、代理人或服务人员给予或提出给予任何人以任何贿赂、礼品、小费或佣金作为引诱或报酬，以达到下列目的或企图：

（1）使该人员采取或不采取与该合同有关的任何行动；

（2）使该人员对与该合同有关的任何人员表示赞同或不赞同。

在证据确凿的情况下，承包人或发包人可在向对方发出通知后14天内终止合同。终止合同的决定并不影响提出终止合同的一方按照合同所拥有的所有其他权益。

47. 保密

合同双方都应当履行对本合同的保密义务，未征得对方事先的书面同意，另一方不得在任何经营活动中、技术文献或其他地方发表或披露本合同或其任何细节。更不得把全部或部分的与本合同有关的资料翻印外传。

48. 合同文件的修改

48.1 即使由于任何原因使得本合同中的某些条款或约定无效或无法履行，这

种情况也不应当影响到本合同中其他条款或约定的有效性，也不应当在任何方面使得本合同完全失效。

48.2 如果发生上述情况，并且合同双方均认为有必要对已无效或无法履行的条款或

约定进行修改时，双方均应当本着不改变本合同的最终目的并最大限度地保证本合同的最终目的不受影响的原则，完成相关条款的修订。任何情况下，双方修订合同时不得再行订立背离本合同实质性内容的其他协议。

49. 文件版权

49.1 发包人颁发给承包人的图纸、技术规范和反映发包人关于本合同的要求或其他类似性质的文件的版权属于发包人拥有，承包人可因实施本合同的目的而复制、使用此类文件，但不能用于与本合同无关的其他事项。在征得发包人书面同意前，承包人不得为了实施其他目的而复制、使用发包人的文件或将之提供给任何第三方。

49.2 承包人为实施本工程所编制的施工文件的版权属于承包人所拥有，发包人可因实施本工程的竣工、运行、调试、维修、改造等目的而复制、使用此类文件，但不能用于其他无关的事项。在征得承包人书面同意前，发包人不得为了实施其他目的而复制、使用承包人的此类文件或将之提供给任何第三方。

50. 合同效力及份数

50.1 本合同自发包人和承包人的法定代表人或获授权代表于合同协议书签字盖章之日起成立，生效条件或期限见合同协议书相关约定。双方各自履行完合同义务后自动失效。

50.2 合同正本贰份，发包人和承包人各执一份；副本份数的约定见“合同条款专用部分”。

第六部分　合同条款专用部分

目　录

34. 工程竣工
35. 工程移交
36. 竣工结算
37. 保修
41. 保证担保
43. 争议
50. 合同效力及份数
补充条款：

合同条款专用部分

1. 一般规定

1.1 词语定义

1.1.22 区段

____

1.3 书面形式

1.3.4 发包人书面形式接收地址、传真号码、邮寄地址和电子传送地址：
(1) 传真号码：________，邮政编码：________
(2) 邮寄地址：____________
(3) 送达地址：____________
(4) 电子邮箱地址：____________
承包人书面形式接收地址、传真号码、邮寄地址和电子传送地址：____________
(1) 传真号码：________，邮政编码：________
(2) 邮寄地址：____________
(3) 送达地址：____________
(4) 电子邮箱地址：____________

6. 图纸

6.1 图纸

6.1.1 发包人应当向承包人提供图纸的日期及图纸套数：
(1) 提供时间：____________
(2) 提供套数：____________

7. 发包人

7.1 发包人义务

7.1.7 现场的准备和移交
发包人向承包人移交现场的时间：____________
发包人向承包人移交的现场应当具备以下条件：
(8) 提供的其他条件：____________

7.1.18 其他义务：____________

7.2 发包人代表

7.2.1 发包人代表姓名：____________

8. 承包人

8.1 承包人义务

8.1.10 负责合同文件约定的现场内的管理、协调、配合、服务工作。相应工作内容及具体要求如下：____________

8.1.18 其他义务：____________

8.2 承包人代表

8.2.1 承包人代表姓名：____________

10. 监理人

10.2 监理人代表

10.2.1 监理人代表姓名：____________

11. 现场

11.3 现场管理

11.3.5 发包人对承包人现场管理的其他要求：____________

13. 进度计划

13.4 进度报告

13.4.2 进度报告的格式和内容应当获得监理人的同意，内容可包括：

（8）其他要求：____________

14. 合同工期

14.2 各区段工期：

17. 工期延误

17.1 非承包人造成的工期延误

17.1.1 （6）其他允许延长工期的情况：____________

17.3 工期延误的违约处理

17.3.1 误期违约金额度：工期每延误一天，承包人应当向发包人赔偿人民币____________元/天整，不足一天按一天计。

误期违约金的最高限额：____________

18. 竣工日期及提前竣工

18.2 提前竣工

发包人和承包人约定提前竣工并给予奖励的，奖励的金额为：____________

19. 工程质量

19.2 创优目标

本工程的质量创优目标及相关约定：____________

20. 材料和工程设备检验

20.4 检验费用

20.4.1 其他监测和试验项目的委托和费用承担方式为：____________

24. 暂估价的专业分包工程

24.1 暂估价的专业分包工程分包人的确定

24.1.3 如果相关暂估价的专业分包工程分包人根据法律、法规、规章及规范性文件的要求应当通过招标而确定，则应当由承包人作为招标人，由发包人和承包人按下述约定共同组织招标确定专项分包人：

（1）承包人向发包人报送招标计划的时间：____________

发包人对招标计划的批准或者提出修改意见的时间：____________

（2）承包人向发包人报送相关文件的时间：____________

发包人对相关文件提出修改意见的时间：____________

承包人按照发包人的修改意见修改完成相应文件后报送发包人批准的时间：____________

（4）承包人向发包人报送的用于正式签订的合同文件的时间：____________

发包人对承包人报送的用于正式签订的合同文件提出修改意见的时间：____________

24.1.4 如果相关暂估价的专业工程分包人根据法律、法规、规章及规范性文件的要求不属于依法必须招标的范围或未达到招标规模时，则发包人和承包人共同确定暂估价的专业分包工程分包人的方式及程序：____________

25. 材料和工程设备的采购与供应

25.2 暂估价的材料和工程设备

25.2.2 如果相关暂估价的材料和工程设备根据国家及北京市法律、法规、规章及规范性文件的要求应当通过招标进行采购，则应当由承包人作为招标人，由发包人和承包人按下述约定共同组织招标确定暂估价的材料和工程设备供应商：

（1）承包人向发包人报送招标计划的时间：____________

发包人对招标计划的批准或者提出修改意见的时间：____________

（2）承包人向发包人报送相关文件的时间：____________

发包人对相关文件提出修改意见的时间：____________

承包人按照发包人的修改意见修改完成相应文件后报送发包人批准的时间：____________

（4）承包人向发包人报送的用于正式签订的合同文件的时间：____________

发包人对承包人报送的用于正式签订的合同文件提出修改意见的时间：____________

（7）是否采用联合招标的方式确定暂估价的材料和工程设备供应商：____________

如果采用，联合招标过程中发包人和承包人各方拟承担的工作和责任：____________

25.4 进口材料和工程设备

25.4.5 其他约定：____________

30. 合同价款

30.2 合同价款

本合同采用的合同价款的约定方式为：____________

除非合同文件另有约定，本工程的合同价款应当按照以下含义理解：

（2）合同文件约定的综合单价风险范围：____________

（3）合同文件约定的措施项目费、其他项目清单中的总承包服务费风险范围：

（5）其他约定：____________

30.3 合同价款的调整

本合同价款在下述因素影响下按下述约定予以调整：

（9）第30.2款约定的各项合同风险范围之外的风险引起的合同价款的调整方

法：____________

（10）其他调整因素及方法：____________

31. 变更

31.4 承包人提出的合理化建议

31.4.3 在承包人的合理化建议为发包人带来额外经济效益的情况下，发包人和承包人分享此类经济效益的比例是：

32. 变更的计价

32.2 变更计价的程序

32.2.2 重大变更工作所涉及合同价款变更报告和确认的时限为：____________

33. 支付

33.1 预付款

33.1.2 工程预付款额度：____________

安全文明施工费额度：____________

33.1.3 工程预付款抵扣起始时间和抵扣方式：____________

33.2 工程进度款

33.2.1 工程进度款的付款周期：____________

33.2.2 进度报告提交的时间及周期：____________

33.2.5 工程进度款支付

除非合同文件另有约定，发包人在收到监理人按第33.2.4款提交的进度款付款单后，按照发包人确认的当期应当支付工程进度款，按照下述要求向承包人支付相应的工程进度款：

（1）工程进度款支付比例：____________

工程进度款支付时限：____________

33.3 措施项目价款及总承包服务费的支付

33.3.1 措施项目价款内所含的剩下的安全文明施工费及其他措施项目价款的支付方式为：____________

33.5 外汇和汇率

如果本合同（或部分）采用外币计价、支付和结算，则该外币与人民币之间汇率或确定该外币与人民币之间汇率的原则和方法：____________

34. 工程竣工

34.2 竣工验收

34.2.2 监理人提请发包人组织进行工程竣工验收的时间：____________

发包人组织工程竣工验收的时间：____________

34.2.3 监理人对承包人提交的竣工验收申请报告提出审查修改意见的时间：____________

34.6 竣工资料

承包人向发包人提交的其他资料：____________

全部竣工资料（包括全套竣工图）的份数：____________

35. 工程移交

35.1 承包人向发包人移交工程的时间：____________

36. 竣工结算

36.1 竣工结算报告

36.1.2 发包人应当在收到承包人提交的相关竣工结算报告和完整的竣工结算资料后的________天内完成审核，并提出审查意见。

36.1.6 其他约定：____________

36.3 质量保证金

质量保证金的额度、支付时间和方式：____________

37. 保修

37.2 保修期与缺陷责任期

37.2.1 本工程的缺陷责任期：____________

37.3 保修费用

37.3.1 承包人在收到发包人要求修补的指令后，应当在____天内自费开始进行修补。

41. 保证担保

41.1 预付款保证担保

41.1.1 发包人向承包人支付预付款时，发包人____（要求/不要求）承包人同时提交预付款保证担保。

41.2 承包履约保证担保

41.2.1 发包人____（要求/不要求）承包人提交承包履约保证担保，要求承包人提交履约保证担保时，履约保证担保的金额为____

41.2.2 承包履约保证担保有效期的截止时间为____________

41.2.4 其他约定：____________

41.3 工程款支付保证担保

41.3.2 工程款支付保证担保有效期的截止时间为____________

41.3.4 其他约定：____________

41.4 质量保证金保证担保

41.4.1 发包人____（要求/不要求）承包人提交质量保证金保证担保，要求承包人提交质量保证金保证担保时，保证金保证担保的期限为____________

43. 争议

43.1 争议解决方式

43.1.1 本工程的争议解决方式约定采用如下第（　　）种方式：

（1）向北京仲裁委员会申请仲裁；

（2）向____仲裁委员会申请仲裁；

（3）向____人民法院起诉。

50. 合同效力及份数

50.2 合同份数

副本________份，双方各执________份。

补充条款：

第七部分　技术标准和要求

注：采用招标方式时，招标文件中的“技术标准和要求”应当置于合同相应位置；采用直接发包方式时，发包人和承包人共同协商确定的“技术标准和要求”应当置于合同相应位置。

第八部分　合同图纸

注：作为本合同文件一部分的图纸另册装订，图纸清单应当附于置于合同相应位置。

附录五

建设工程施工合同

（GF-1999-0201）

（示范文本）

中华人民共和国建设部
国家工商行政管理总局 **制定**

一、协议书

发包人：（全称） ____________________

承包人：（全称） ____________________

依照《中华人民共和国合同法》、《中华人民共和国建筑法》、及其他相关法律、行政法规，遵循平等、自愿、公平和诚实信用的原则，双方就本建设工程施工事项协商一致，订立本合同。

1. 工程概况

工程名称：________________________________

工程地点：________________________________

工程内容：________________________________

群体工程应附承包人承揽工程一览表

工程立项批准文号：________________________

资金来源：________________________________

2. 工程承包范围

承包范围：________________________________

3. 合同工期

开工日期：________年________月________日

竣工日期：________年________月________日

合同工期总日历天数____________天

4. 质量标准

工程质量标准：____________________________

5. 合同价款

金额：____________________________________

6. 组成合同的文件

6.1 组成合同的文件包括：

（1）本合同协议书

（2）中标通知书

(3) 投标书及其附件

(4) 本合同专用条款

(5) 本合同通用条款

(6) 标准、规范及有关技术文件

(7) 图纸

(8) 工程量清单

(9) 工程报价单及预算书

6.2 双方有关工程的洽商变更等书面协议或文件视为本合同的组成部分。

7. 本协议书中有关词语含义与本合同《通用条款》中的定义相同。

8. 承包人向发包人承诺按照合同约定施工、竣工并在质量保修期内承担工程质量保修责任。

9. 发包人向承包人承诺按照合同约定的期限和方式支付合同价款及其他应当支付的款项。

10. 合同生效

10.1 合同订立时间：________年________月________日

10.2 合同订立地点：____

10.3 本合同双方约定____________________后生效。

发包人：（公章）	承包人：（公章）
地址：	地址：
法定代表人：（签字）	法定代表人：（签字）
委托代理人：（签字）	委托代理人：（签字）
电话：	电话：
传真：	传真：

二、《通用条款》

一、词语定义及合同文件

1. 词语定义

下列词语除专用条款另有约定外，应具有本条所赋予的定义：

1.1 通用条款：是根据法律、行政法规规定及建设工程施工的需要订立，通用于建设工程施工的条款。

1.2 专用条款：是发包人与承包人根据法律、行政法规规定，结合具体工程实际，经协商达成一致意见的条款，是对通用条款的具体化、补充或修改。

1.3 发包人：指在协议书中约定，具有工程发包主体资格和支付工程价款能力的当事人以及取得该当事人资格的合法继承人。

1.4 承包人：指在协议书中约定，被发包人接受的具有工程施工承包主体资格的当事人以及取得该当事人资格的合法继承人。

1.5 项目经理：指承包人在专用条款中指定的负责施工管理和合同履行的代表。

1.6 设计单位：指发包人委托的负责本工程设计并取得相应工程设计资质等级证书的单位。

1.7 监理单位：指发包人委托的负责本工程监理并取得相应工程监理资质等级证书的单位。

1.8 工程师：指本工程监理单位委派的总监理工程师或发包人指定的履行本合同的代表，其具体身份和职权由发包人承包人在专用条款中约定。

1.9 工程造价管理部门：指国务院有关部门、县级以上人民政府建设行政主管部门或其委托的工程造价管理机构。

1.10 工程：指发包人承包人在协议中约定的承包范围内的工程。

1.11 合同价款：指发包人承包人在协议书中约定，发包人用以支付承包人按照合同约定完成承包范围内全部工程并承担质量保修责任的款项。

1.12 追加合同价款：指在合同履行中发生需要增加合同价款的情况，经发包人确认后按计算合同价款的方法增加的合同价款。

1.13 费用：指不包含在合同价款之内的应当由发包人或承包人承担的经济支出。

1.14 工期：指发包人承包人在协议书中约定，按总日历天数（包括法定节假日）计算的承包天数。

1.15 开工日期：指发包人承包人在协议书中约定，承包人开始施工的绝对或相对的日期。

1.16 竣工日期：指发包人承包人在协议书中约定，承包人完成承包范围内工程的绝对或相对的日期。

1.17 图纸：指由发包人提供或由承包人提供并经发包人批准，满足承包人施工需要的所有图纸（包括配套说明和有关资料）。

1.18 施工场地：指由发包人提供的用于工程施工的场所以及发包人在图纸中具体指定的供施工使用的任何其他场所。

1.19 书面形式：指合同书、信件和数据电文（包括电报、电传、传真、电子数据交换和电子邮件）等可以有形地表现所载内容的形式。

1.20 违约责任：指合同一方不履行合同义务或履行合同义务不符合约定所应承担的责任。

1.21 索赔：指在合同履行过程中，对于并非自己的过错，而是应由对方承担责任的情况造成的实际损失，向对方提出经济补偿和（或）工期顺延的要求。

1.22 不可抗力：指不能预见、不能避免并不能克服的客观情况。

1.23 小时或天：本合同中规定按小时计算时间的，从事件有效开始计算（不扣除休息时间）；规定按天计算时间的，开始当天不计入，从次日开始计算。时限的最后一天是休息日或者其他法定节假日的，以节假日次日为时限的最后一天，但竣工日期除外。时限的最后一天的截止时间为当日 24 时。

2. 合同文件及解释顺序

2.1 合同文件应能相互解释，互为说明。除专用条款另有约定外，组成本合同的文件及优先解释顺序如下：

（1）本合同协议书

（2）中标通知书

（3）投标书及其附件

（4）本合同专用条款

（5）本合同通用条款

（6）标准、规范及有关技术文件

（7）图纸

（8）工程量清单

（9）工程报价单或预算书

合同履行中，发包人承包人有关工程的洽商、变更等书面协议或文件视为本合同的组成部分。

2.2 当合同文件内容含糊不清或不相一致时，在不影响工程正常进行的情况下，由发包人承包人协商解决。双方也可以提请负责监理的工程师作出解释。双方协商不成或不同意负责监理的工程师的解释时，按本通用条款37条关于争议的约定处理。

3. 语言文字和适用法律、标准及规范

3.1 语言文字

本合同文件使用汉语语言文字书写、解释和说明。如专用条款约定使用两种以上（含两种）语言文字时，汉语应为解释的说明本合同的标准语言文字。

在少数民族地区，双方可以约定使用少数民族语言文字书写和解释、说明本合同。

3.2 适用法律和法规

本合同文件适用国家的法律和行政法规。需要明示的法律、行政法规，由双方在专用条款中约定。

3.3 适用标准、规范

双方在专用条款内约定适用国家标准、规范的名称；没有国家标准、规范但有行业标准、规范的，约定适用行业标准、规范的名称；没有国家和行业标准、规范的，约定适用工程所在地地方标准、规范的名称。发包人应按专用条款约定的时间向承包人提供一式两份约定的标准、规范。

国内没有相应标准、规范的，由发包人按专用条款约定的时间向承包人提出施工技术要求，承包人按约定的时间和要求提出施工工艺，经发包人认可后执行。发包人要求使用国外标准、规范的，应负责提供中文译本。

本条所发生的购买、翻译标准、规范或制定施工工艺的费用，由发包人承担。

4. 图纸

4.1 发包人应按专用条款约定的日期和套数，向承包人提供图纸。承包人需要增加图纸套数的，发包人应代为复制，复制费用由承包人承担。发包人对工程有保密要求的，应在专用条款中提出保密要求，保密措施费用由发包人承担，承包人在约定保密期限内履行保密义务。

4.2 承包人未经发包人同意，不得将本工程图纸转给第三人。工程质量保修期满后，除承包人存档需要的图纸外，应将全部图纸退还给发包人。

4.3 承包人应在施工现场保留一套完整图纸，供工程师及有关人员进行工程检查时使用。

二、双方一般权利和义务

5. 工程师

5.1 实行工程监理的，发包人应在实施监理前将委托的监理单位名称、监理内容及监理权限以书面形式通知承包人。

5.2 监理单位委派的总监理工程师在本合同中称工程师，其姓名、职务、职权由发包人承包人在专用条款内写明。工程师按合同约定行使职权，发包人在专用条款内要求工程师在行使某些职权前需要征得发包人批准的，工程师应征得发包人批准。

5.3 发包人派驻施工场地履行合同的代表在本合同中也称工程师，其姓名、职务、职权由发包人在专用条款内写明，但职权不得与监理单位委派的总监理工程师职权相互交叉。双方职权发生交叉或不明确时，由发包人予以明确，并以书面形式通知承包人。

5.4 合同履行中，发生影响发包人承包人双方权利或义务的事件时，负责监理的工程师应依据合同在其职权范围内客观公正地进行处理。一方对工程师的处理有异议时，按本通用条款 37 条关于争议的约定处理。

5.5 除合同内有明确约定或经发包人同意外，负责监理的工程师无权解除本合同约定的承包人的任何权利与义务。

5.6 不实行工程监理的，本合同中工程师专指发包人派驻施工场地履行合同的代表，其具体职权由发包人在专用条款内写明。

6. 工程师的委派和指令

6.1 工程师可委派工程师代表，行使合同约定的自己的职权，并可在认为必要时撤回委派。委派和撤回均应提前 7 天以书面形式通知承包人，负责监理的工程师还应将委派和撤回通知发包人。委派书和撤回通知作为本合同附件。

工程师代表在工程师授权范围内向承包人发出的任何书面形式的函件，与工程师发出的函件具有同等效力。承包人对工程师代表向其发出的任何书面形式的函件有疑问时，可将此函件提交工程师，工程师应进行确认。工程师代表发出指令有失误时，工程师应进行纠正。

除工程师或工程师代表外，发包人派驻工地的其他人员均无权向承包人发出任何指令。

6.2 工程师的指令、通知由其本人签字后，以书面形式交给项目经理，项目经理在回执上签署姓名和收到时间后生效。确有必要时，工程师可发出口头指令，并在 48 小时内给予书面确认，承包人对工程师的指令应予执行。工程师不能及时给予书面确认的，承包人应于工程师发出口头指令后 7 天内提出书面确认要求。工程师在承包人提出确认要求后 48 小时不予答复的，视为口头指令已被确认。

承包人认为工程师指令不合理，应在收到指令后 24 小时内向工程师提出修改指令的书面报告，工程师在收到承包人报告后 24 小时内做出修改指令或继续执行原指令的决定，并以书面形式通知承包人。紧急情况下，工程师要求承包人立即执行的指令或承包商人虽有异议，但工程师决定仍继续执行的指令，承包人应予执行。因指令错误发生的追加合同价款和给承包人造成的损失由发包人承担，延误的工期相应顺延。

本款规定同样适用于由工程代表发出的指令、通知。

6.3 工程师应按合同约定，及时向承包人提供所需指令、批准并履行约定的其他义务。由于工程师未能按合同约定履行义务造成工期延误，发包人应承担延误造成的追加合同价款，并赔偿承包人有关损失，顺延延误的工期。

6.4 如需更换工程师，发包人应至少提前7天以书面形式通知承包人，后任继续行使合同文件约定的前任的职权，履行前任的义务。

7. 项目经理

7.1 项目经理的姓名、职务在专用条款内写明。

7.2 承包人依据合同发出的通知，以书面形式由项目经理签字后送交工程师，工程师在回执上签署姓名和收到时间后生效。

7.3 项目经理按发包人认可施工组织设计（施工方案）和工程师依据合同发出的指令组织施工。在情况紧急且无法与工程师联系时，项目经理应当采取保证人员生命和工程、财产安全的紧急措施，并在采取措施后48小时内向工程师送交报告。责任在发包人或第三人，由发包人承担由此发生的追加合同价款，相应顺延工期；责任在承包人，由承包人承担费用，不顺延工期。

7.4 承包人如需更换项目经理，应至少提前7天以书面形式通知发包人，并征得发包人同意。后任继续行使合同文件约定的前任的职权，履行前任的义务。

7.5 发包人可以与承包人协商，建议更换其认为不称职的项目经理。

8. 发包人工作

8.1 发包人专用条款约定的内容和时间完成以下工作：

（1）办理土地征用、拆迁补偿、平整施工场地等工作，使施工场地具备施工条件，在开工后继续负责解决以上事项遗留问题；

（2）将施工所需水、电、电讯线路从施工场地外部接至专用条款约定地点，保证施工期的需要；

（3）开通施工场地与城乡公共道路的通道，以及专用条款约定的施工场地内的主要道路，满足施工运输的需要，保证施工期间的畅通；

（4）向承包人提供施工场地的工程地质和地下管线资料，对资料的真实准确性负责；

（5）办理施工许可证及其他施工所需证件、批件和临时用地、停水、停电、中断道路交通、爆破作业等的申请批准手续（证明承包人自身资质的证件除外）；

（6）确定水准点与坐标控制点，以书面形式交给承包人，进行现场交验；

（7）组织承包人和设计单位进行图纸会审和设计交底；

（8）协调处理施工场地周围地下管线邻近建筑物、构筑物（包括文物保护建筑）古树名木的保护工作，承担有关费用；

（9）发包人应做的其他工作，双方在专用条款内约定。

8.2 发包人可以将8.1款部分工作委托承包人办理，双方在专用条款内约定，其费用由发包人承担。

8.3 发包人未能履行8.1款各项义务，导致工期延误或给承包人造成损失的，发包人赔偿承包人有关损失，顺延延误的工期。

9. 承包人工作

9.1 承包人按专用条款约定的内容和时间完成以下工作：

（1）根据发包人委托书，在其设计资质等级和业务允许的范围内，完成施工图设计或与工程配套的设计，经工程师确认后使用，发包人承担由此发生的费用；

(2) 向工程师提供年、季、月度工程进度计划及相应进度统计报表；

(3) 根据工程需要，提供和维修非夜间施工使用的照明、围栏设施，并负责安全保卫；

(4) 按专用条款约定的数量和要求，向发包人提供施工场地办公生活的房屋及设施，发包人承担由此发生的费用；

(5) 遵守政府有关主管部门对施工场地交通、施工噪音以及环境保护和安全生产等的管理规定，按规定办理有关手续，并以书面形式通知发包人，发包人承担由此发生的费用，因承包人责任造成的除外；

(6) 已竣工工程未交付发包人之前，承包人按专用条款约定负责已完工程的保护工作，保护期间发生损坏，承包人自费予以修复；发包人要求承包人采取特殊措施保护的工程部位和相应的追加合同价款，双方在专用条款内约定；

(7) 按专用条款约定做好施工场地地下管线和邻近建筑物、构筑物（包括文物保护建筑）、古树名木的保护工作；

(8) 保证施工场地清洁符合环境卫生管理的有关规定，交工前清理现场达到专用条款约定的要求，承担因自身因违反有关规定造成的损和罚款；

(9) 承包人应做的其他工作，双方在专用条款内约定。

9.2 承包人未能履行 9.1 款各项义务，造成发包人损失的，承包人赔偿发包人有关损失。

三、施工组织设计和工期

10. 进度计划

10.1 承包人应按专用条款约定的日期，将施工组织设计和工程进度计划提交工程师，工程师按专用条款约定的时间予以确认或提出修改意见，逾期不确认也不提出书面意见的，视为同意。

10.2 群体工程中单位工程分期进行施工的，承包人应按照发包人提供图纸及的关资料的时间，按单位工程编制进度计划，其具体内容双方在专用条款中约定。

10.3 承包人必须按工程师确认的进度计划组织施工，接受工程师对进度的检查、监督。工程实际进度与经确认的进度计划不符时，承包人应按工程师的要求提出改进措施，经工程师确认后执行。因承包人的原因导致实际进度与进度计划不符，承包人无权就改进措施提出追加合同价款。

11. 开工及延期限开工

11.1 承包人应当按照协议书约定的开工日期开工。承包人不能按时开工，应当不迟于协议书约定的开工日期前 7 天，以书面形式向工程师提出延期开工的理由要求。工程师应当在接到延期开工申请后的 48 小时内以书面形式答复承包人。工程师在接到延期开工申请后 48 小时内不答复，视为同意承包人要求，工期相应顺延。工程师不同意延期要求或承包商人未在规定时间内提出延期开工要求，工期不予顺延。

11.2 因发包人原因不能按照协议书约定的开工日期开工，工程师应以书面形式通知承包人，推迟开工日期。发包人赔偿承包人因延期开工造成的损失，并相应顺延工期。

12. 暂停施工

工程师认为确有必要暂停施工时，应当以书面形式要求承包人暂停施工，并在提出要求后48小时内提出以书面处理意见。承包人应当按工程师要求停止施工，并妥善保护已完工程。承包人实施工程师作出的处理意见后，可以书面形式提出复工要求，工程师应当在48小时内给予答复。工程师未能在规定时间内提出处理意见，或收到承包人复工要求后48小时内未予答复，承包人可自行复工。因发包人原因造成停工的，由发包人承担所发生的追加合同价款，赔偿承包人由此造成的损失，相应顺延工期；因承包人原因造成停工的，由承包人承担发生的费用，工期不予顺延。

13. 工期延误

13.1 因以下原因造成工期延误，经工程师确认，工期相应顺延：

（1）发包人未能按专用条款的约定提供图纸及开工条件；

（2）发包人未能按约定日期支付工程预付款、进度款，致使施工不能正常进行；

（3）工程师未按合同约定提供所需指令、批准等，致使施工不能正常进行；

（4）设计变更和工程量增加；

（5）一周内非承包人原因停水、停电、停气造成停工累计超过8小时；

（6）不可抗力；

（7）专用条款中约定或工程师同意工期顺延的其他情况。

13.2 承包人在13.1款情况发生后14天内，就延误的工期以书面形式向工程师提出报告。工程师在收到报告后14天内予以确认，逾期不予确认也不提出修改意见，视为同意顺延工期。

14. 工程竣工

14.1 承包人必须按照协议书约定的竣工日期或工程师同意顺延的工期竣工。

14.2 因承包人原因不能按照协议书定的竣工日期或工程师同意顺延的工期竣工的，承包人承担违约责任。

14.3 施工中发包人如需提前竣工，双方协商一致后应签订提前竣工协议，作为合同文件组成部分。提前竣工协议应包括承包人为保证工程质量和安全采取的措施、发包人为提前竣工提供的条件以及提前竣工所需的追加合同价款等到内容。

四、质量与检验

15. 工程质量

15.1 工程质量应当达到协议书约定的质量标准，质量标准的评定经国家或行业的质检验评定标准为依据。因承包人原因工程质量达不到约定的质量标准，承包人承担违约责任。

15.2 双方对工程质量有争议，由双方同意的工程质量检测机构鉴定，所需费用及因此造成的损失，由责任方承担。双方均有责任，由双方根据其责任分别承担。

16. 检查和返工

16.1 承包人应认真按照标准、规范和设计图纸要求以及工程师依据合同发出的指令施工，随时接受工程师的检查检验，为检查检验提供便利条件。

16.2 工程质量达不到约定标准的部分，工程师一经发现，应要求承包人拆除和重新施工，承包人应按工程师的要求拆除和重新施工，直到符合约定标准。因承包人原因达不到约定标准，由承包人承担拆除和重新施工的费用，工期不予顺延。

16.3 工程师的检查检验不应影响施工正常进行。如影响施工正常进行，检查检验不合格时，影响正常施工的费用由承包人承担。除此之外影响正常施工的追加合同价款由发包人承担，相应顺延工期。

16.4 因工程师指令失误或其他非承包人原因发生的追加合同价款，由发包人承担。

17. 隐蔽工程和中间验收

17.1 工程具备隐蔽条件或达到专用条款约定的中间验收部位，承包人进行自检，并在隐蔽和中间验收前48小时以书面形式通知工程师验收。通知包括隐蔽和中间验收的内容、验收时间和地点。承包人准备验收记录，验收合格，工程师在验收记录上签字后，承包人可进行隐蔽和继续施工。验收不合格，承包人在工程师限定的时间内修改后重新验收。

17.2 工程师不能按时进行验收，应在验收前24小时书面形式向承包人提出延期要求，延期不能超过48小时。工程师未能按以上时间提出延期要求，不进行验收，承包人可自行组织验收，工程师应承认验收记录。

17.3 经工程师验收，工程质量符合标准、规范和设计图纸等要求，验收24小时后，工程师不在验收记录上签字，视为工程师已经认可验收记录，承包人可进行隐蔽或继续施工。

18. 重新检验

无论工程师是否进行验收，当其要求对已经隐蔽的工程重新检验时，承包人应按要求进行剥离或开孔，并在检验后重新覆盖或修复。检验合格，发包人承担由此发生的全部追加合同价款，赔偿承包人损失，并相应顺延工期。检验不合格，承包人承担发生的全部费用，工期不予顺延。

19. 工程试车

19.1 双方约定需要试车的，试车内容应与承包人承包的安装范围相一致。

19.2 设备安装工程具备交单机无负荷试车条件，承包人组织试车，并在试车前48小时以书面形式通知工程师。通知包括试车内容、时间、地点。承包人准备试车记录，发包人根据承包人要求为试车提供必要条件。试车合格，工程师在试车记录上签字。

19.3 工程师不能按时参加试车，须在开始试车前24小时以书面形式向承包人提出延期要求，延期不能超过48小时。工程师未能按以上时间提出延期要求，不参加试车，应承认试车记录。

19.4 设备安装工程具备无负荷联动试车条件，发包人组织试车，并在试车前48小时以书面形式通知承包人。通知包括试车内容、时间、地点和对承包人的要求，承包人按要求做好准备工作。试车合格，双方在试车记录上签字。

19.5 双方责任

(1) 由于设计原因试车达不到验收要求，发包人应要求设计单位修改设计，承包人按修改后的设计重新安装。发包人承担修改设计、拆除及重新安装的全部费用和追加合同价款，工期相应顺延。

(2) 由于设备制造原因试车达不到验收要求，由该设备采购一方负责重新购置或修理，承包人负责拆除及重新安装。设备由承包人采购的，由承包人承担修理或重新购置、拆除及重新安装的费用，工期不予顺延，设备由发包人采购的，发包人承担上述各项追加合同价款，工期相应顺延。

(3) 由于承包人施工原因试车达不到验收要求，承包人按工程师要求重新安装和试车，并承担重新安装和试车的费用，工期不予顺延。

(4) 试车费用除已包括在合同价款之内或专用条款另有约定外，均由发包人承担。

(5) 工程师在试车合格后不在试车记录上签字，试车结束 24 小时后，视为工程师已经认可试车记录，承包人可继续施工或办理竣工手续。

19.6 投料试车应在工程竣工验收后由发包人负责，如发包人要求在工程竣工验收前进行或需要承包人配合时，应征得承包人同意，另行签订补充协议。

五、安全施工

20. 安全施工与检查

20.1 承包人应遵守工程建设安全生产有关管理规定，严格按安全标准组织施工，并随时接受行业安全检查人员依法实施的监督检查，采取必要的安全防护措施，消除事故隐患。由于承包人安全措施不力造成事故的责任和因此发生的费用，由承包人承担。

20.2 发包人应对其在施工场地的工作人员进行安全教育，并对他们的安全负责。发包人不得要求承包人违反安全管理的规定进行施工。因发包人原因导致的安全事故，由发包人承担相应责任及发生的费用。

21. 安全防护

21.1 承包人在动力设备、输电线路、地下管道、密封防震车间、易燃易爆地段以及临街交通要道附近施工时，施工开始前应向工程师提出安全防护措施，经工程师认可后实施防护措施费用由发包人承担。

21.2 实施爆破作业，在放射、毒害性环境中施工（含储存、运输、使用）及使用毒害性、腐蚀性物品施工时，承包人应在施工前 14 天以书面形式通知工程师，并提出相应的安全防护措施，经工程师认可后实施，由发包人承担安全防护措施费用。

22. 事故处理

22.1 发生重大伤亡及其他安全事故，承包人应按有关规定立即上报有关部门并通知工程师，同时按政府有关部门要求处理，由事故责任方承担发生的费用。

22.2 发包人承包人对事故责任有争议时，应按政府有关部门的认定处理。

六、合同价款与支付

23. 合同价款及调整

23.1 招标工程的合价款由发包人承包人依据中标通知书中的中标价格在协议书内约定。非招标工程的合同价款由发包人、承包人依据工程预算书在协议书内约定。

23.2 合同价款在协议书内约定后，任何一方不得擅自改变。下列三种确定合同价款的方式，双方可在专用条款内约定采用其中一种：

(1) 固定价格合同。双方在专用条款内约定合同价款包含的风险范围和风险费用的计算方法，在约定的风险范围内合同价款不再调整。风险范围以外的合同价款调整方法，应当在专用条款内约定。

(2) 可调价格合同。合同价款可根据双方的约定而调整，双方在专用条款内约定合同价款调整方法。

(3) 成本加酬金合同。合同价款包括成本和酬金两部分，双方在专用条款内约定成本构成和酬金的计算方法。

23.3 可调价格合同中合同价款的调整因素包括：

(1) 法律、行政法规和国家有关政策变化影响合同价款；

(2) 工程造价管理部门公布的价格调整；

(3) 一周内非承包人原因停水、停电、停气造成停工累计超过 8 小时；

(4) 双方约定的其他因素。

23.4 承包人应当在 23.3 款情况发生后 14 天内，将调整原因、金额以书面形式通知工程师，工程师确认调整金额后作为追加合同价款，与工程款同期支付。工程师收到承包人通知后 14 天内不予确认也不提出修改意见，视为已经同意该项调整。

24. 工程预付款

实行工程预付款的，双方应当在专用条款内约定发包人承包人预付工程款的时间和数额，开工后按约定的时间和比例逐次扣回。预付时间应不迟于约定的开工日期前 7 天。发包人不按约定预付，承包人在约定预付时间 7 天后向发包人发出要求预付的通知，发包人收到通知后仍不能按要求预付，承包人可在发出通知后 7 天停止施工，发包人应从约定应付之日起向承包人支付应付款的贷款利息，并承担违约责任。

25. 工程量的确认

25.1 承包人应按专用条款约定的时间，向工程师提交已完工程量的报告。工程师接到报告后 7 天内按设计图纸核实已完工程量（以下称计量），并在计量前 24 小时通知承包人，承包人为计量提供便利条件并派人参加。承包人收到通知后不参加计量，计量结果有效，作为工程价款支付的依据。

25.2 工程师收到承包人报告后 7 天内未进行计量，从第 8 天起，承包人报告中开列的工程量即视为被确认，作为工程价款支付的依据。工程师不按约定时间通知承包人，致使承包人未能参加计量，计量结果无效。

25.3 对承包人超出设计图纸范围和因承包人原因造成返工的工程量，工程师不予计量。

26. 工程款（进度款）支付

26.1 在确认计量结果后 14 天内，发包人应向承包人支付工程款（进度款）。按约定时间发包人应扣回的预付款，与工程款（进度款）同期结算。

26.2 本通用条款第 23 条确定调整的合同价款，第 31 条工程变更调整的合同价款及其他条款中约定的追加合同价款，应与工程款（进度款）同期调整支付。

26.3 发包人超过约定的支付时间不支付工程款（进度款），承包人可向发包人发出要求付款的通知，发包人收到承包人通知后仍不能按要求付款，可与承包人协商签订延期付款协议，经承包人同意后可延期支付。协议应明确延期支付的时间和从计量结果确认后第 15 天起计算应付款的贷款利息。

26.4 发包人不按合同约定支付工程款（进度款），双方又未达成延期付款协议，导致施工无法进行，承包人可停止施工，由发包人承担违约责任。

七、材料设备供应

27. 发包人供应材料设备

27.1 实行发包人供应材料设备的，双方应当约定发包人供应材料设备的一览表，作为本合同附件（附件 2）。一览表包括发包人供应材料设备的品种、规格、型号、数量、单价、质量等级、提供时间和地点。

27.2 发包人按一览表约定的内容提供材料设备，并向承包人提供产品合格证明，对其质量负责制。发包人在所供材料设备到货前24小时，以书面形式通知承包人，由承包人派人与发包人共同清点。

27.3 发包人供应的材料设备，承包人派人参加清点后由承包人保管，发包人支付相应保管费用。因承包人原因发生丢失损坏，由承包人负责赔偿。

发包人未通知承包人清点，承包人不负责制材料设备的保管，丢失损坏由发包人负责。

27.4 发包人供应的材料设备与一览表不符时，发包人承担有关责任。发包人应承担责任的具体内容，双方根据下列情况在专用条款内约定：

（1）材料设备单价与一览表不符，由发包人承担所有价差；

（2）材料设备的品种、规格、型号、质量等级与一览表不符，承包人可拒绝接收保管，由发包人运出施工场地并重新采购；

（3）发包人供应的材料规格、型号与一览表不符，经发包人同意，承包人可代为调剂串换，由发包人承担相应费用；

（4）到货地点与一览表不符，由发包人负责运至一览表指定地点；

（5）供应数量少于一览表约定的数量时，由发包人补齐，多于一览表约定数量时，发包人负责将多出部分运出施工场地；

（6）到货时间早于一览表约定时间，由发包人承担因此发生的保管费用；到货时间迟于一览表约定的供应时间，发包人赔偿由此造成的承包人损失，造成工期延误的，相应顺延工期。

27.5 发包人供应的材料设备使用前，由承包人负责检验或试验，不合格的不得使用，检验或试验费用由发包人承担。

27.6 发包人供应材料设备的结算方法，双方在专用条款内约定。

28. 承包人采购材料设备

28.1 承包人负责采购材料设备的，应按照专用条款约定及设计和有关标准要求采购，并提供产品合格证明，对材料设备质量负责。承包人在材料设备到货前24小时通知工程师清点。

28.2 承包人采购的材料设备与设计或标准要求不符时，承包人应按工程师要求的时间运出施工场地，重新采购符合要求的产品，承担由此发生的费用，由此延误的工期不予顺延。

28.3 承包人采购的材料设备在使用前，承包人应按工程师的要求进行检验或试验，不合格的不得使用，检验或试验费用由承包人承担。

28.4 工程师发现承包人采购并使用不符合设计或标准要求的材料设备时，应要求由承包人负责修复、拆除或重新采购，由承包人承担发生的费用，由此延误的工期不予顺延。

28.5 承包人需要使用代用材料时，应经工程师认可后才能使用，由此增减的合同价款双方以书面形式议定。

28.6 由承包人采购的材料设备，发包人不得指定生产厂商或供应商。

八、工程变更

29. 工程设计变更

29.1 施工中发包人需对原工程设计进行变更，应提前14天以书面形式向承包人发出变更通知，变更超过原设计标准或批准的建设规模，发包人应报规划管理部门和其他有关部门重新审查批准，并由原设计院单位提供变更的相应图纸和说明。承包人按照工程师发出的变更通知及有关要求，进行下列需要的变更：

（1）更改工程有关部分的标高、基线、位置和尺寸；

（2）增减合同中约定的工程量；

（3）改变有关工程的施工时间和顺序；

（4）其他有关工程变更需要的附加工作。

因变更导致合同价款的增减及造成的承包人损失，由发包人承担，延误的工期相应顺延。

29.2 施工中承包人不得对原工程设计进行变更。因承包人擅自变更设计发生的费用和由此导致发包人的直接损失，由承包人承担，延误的工期不予顺延。

29.3 承包人在施工中提出的合理化建议涉及到对设计图纸或施工组织设计的更改及对材料、设备的换用，须经工程师同意。未经同意擅自更改或换用时，承包人承担由此发生的费用，并赔偿发包人的有关损失，延误的工期不予顺延。

工程师同意采用承包人合理化建议，所发生的费用和获得的收益，发包人、承包人另行约定分担或分享。

30. 其他变更

合同履行中发包人要求变更工程质量标准及发生其他实质性变更，由双方协商解决。

31. 确定变更价款

31.1 承包人在工程变更确定后14天内，提出变更工程价款的报告，经工程师确认后调整合同价款。变更合同价款按下列方法进行：

（1）合同中已有适用变更工程的价格，按合同已有的价格变更合同价款；

（2）合同中只有类似于变更工程的价格，可以参照类似价格变更合同价款；

（3）合同中没有适用或类似于变更工程的价格，由承包人提出适当的变更价格，经工程师确认后执行。

31.2 承包人在双方确定变更后14天内不向工程师提出变更工程价款报告时，视为该项变更不涉及合同价款的变更。

31.3 工程师应该在收到变更工程价款报告之日起14天内予以确认，工程师无正当理由不确认时，自变更工程价款报告送达之日起14天后视为变更工程价款报告已被确认。

31.4 工程师不同意承包人提出的变更价款，按本通用条款第37条关于争议的约定处理。

31.5 工程师确认增加的工程变更价款作为追加合同价款，与工程款同期支付。

31.6 因承包人自身原因导致的工程变更，承包人无权要求追加合同价款。

九、竣工验收与结算

32. 竣工验收

32.1 工程具备竣工验收条件，承包人按国家工程竣工验收有关规定，向发包人提供完整竣工资料及竣工验收报告。双方约定由承包人提供竣工图的，应当在专用条款内约定提供的日期和份数。

32.2 发包人收到竣工验收报告后 28 天内组织有关单位验收，并在验收后 14 天内给予认可或提出修改意见。承包人按要求修改，并承担由自身原因造成修改的费用。

32.3 发包人收到承包人送交的竣工验收报告后 28 天内不组织验收，或验收后 14 天内不提出修改意见，视为竣工验收报告已被认可。

32.4 工程竣工验收通过，承包人送交竣工验收报告的日期为实际竣工日期。工程按发包人要求修改后通过竣工验收的，实际竣工日期为承包人修改后提请发包人验收的日期。

32.5 发包人收到承包人竣工验收报告后 28 天内不组织验收，从第 29 天起承担工程保管及一切意外责任。

32.6 中间交工工程的范围和竣工时间，双方在专用条款内约定，其验收程序按本通用条款第 32.1 款至第 32.4 款办理。

32.7 因特殊原因，发包人要求部分单位工程或工程部位甩项竣工的，双方另行签订甩项竣工协议，明确双方责任和工程价款的支付方法。

32.8 工程未经竣工验收或竣工验收未通过的，发包人不得使用。发包人强行使用时，由此发生的质量问题及其他问题，由发包人承担责任。

33. 竣工结算

33.1 工程竣工验收报告经发包人认可后 28 天内，承包人向发包人递交竣工结算报告及完整的结算资料，双方按照协议书约定的合同价款及专用条款约定的合同价款调整内容，进行工程竣工结算。

33.2 发包人收到承包人递交的竣工结算报告及结算资料后 28 天内进行核实，给予确认或者提出修改意见。发包人确认竣工结算报告后通知经办银行向承包人支付工程竣工结算价款。承包人收到竣工结算价款后 14 天内将竣工工程交付发包人。

33.3 发包人收到竣工结算报告及结算资料后 28 天内无正当理由不支付工程竣工结算价款，从第 29 天起按承包人同期限向银行贷款利率支付拖欠工程价款的利息，并承担违约责任。

33.4 发包人收到竣工结算报告及结算报告资料后 28 天内不支付工程竣工结算价款，承包人可以催告发包人支付结算价款。发包人在收到竣工结算报告及结算资料后 56 天内仍不支付的，承包人可以与发包人协议将该工程折价，也可以由承包人申请人民法院将该工程依法拍卖，承包人就该工程折价或者拍卖的价款优先受偿。

33.5 工程竣工验收报告经发包人认可后 28 天内，承包人未能向发包人递交竣工结算报告及完整的结算资料，造成工程竣工结算不能正常进行或工程竣工结算价款不能及时支付，发包人要求交付工程的，承包人应当交付；发包人不要求交付工程的，承包人承担保管责任。

33.6 发包人、承包人对工程竣工结算价款发生争议时，按本通用条款第 37 条关于争议的约定处理。

34. 质量保修

34.1 承包人应按法律、行政法规或国家关于工程质量保修的有关规定，对交付发包人使用的工程在质量保修期内承担质量保修责任。

34.2 质量保修工作的实施。承包人应在工程竣工验收之前，与发包人签订质量保修书，作为本合同附件（附件 3）。

34.3 质量保修书的主要内容包括：

（1）质量保修项目内容及范围；

（2）质量保修期；

（3）质量保修责任；

（4）质量保修金的支付方法。

十、违约、索赔和争议

35. 违约

35.1 发包人违约。当发生下列情况时：

（1）本通用条款第 24 条提到的发包人不按时支付工程预付款；

（2）本通用条款第 26.4 款提到的发包人不按合同约定支付工程款，导致施工无法进行；

（3）本通用条款第 33.3 款提到的发包人无正当理由不支付工程竣工结算价款；

（4）发包人不履行合同义务或不按合同约定履行义务的其他情况。

发包人承担违约责任，赔偿因其违约给承包人造成的经济损失，顺延延误的工期。双方在专用条款内约定发包人赔偿承包人损失的计算方法或者发包人应当支付违约金的数额或计算方法。

35.2 承包人违约。当发生下列情况时：

（1）本通用条款第 14.2 款提到的因承包人原因不能按照协议书约定的竣工日期或工程师同意顺延的工期竣工；

（2）本通用条款第 15.1 款提到的因承包人原因工程质量达不到协议书约定的质量标准；

（3）承包人不履行合同义务或不按合同约定履行义务的其他情况。

承包人承担违约责任，赔偿因其违约给发包人造成的损失。双方在专用条款内约定承包人赔偿发包人损失的计算方法或者承包人应当支付违约金的数额或计算方法。

35.3 一方违约后，另一方要求违约方继续履行合同时，违约方承担上述违约责任后仍应继续履行合同。

36. 索赔

36.1 当一方向另一方提出索赔时，要有正当索赔理由，且有索赔事件发生时的有效证据。

36.2 发包人未能按合同约定履行自己的各项义务或发生错误以及应由发包人承担责任的其他情况，造成工期延误和（或）承包人不能及时得到合同价款及承包人的其他经济损失，承包人可按下列程序以书面形式向发包人索赔：

（1）索赔事件发生后 28 天内，向工程师发出索赔意向通知；

（2）发出索赔意向通知后 28 天内，向工程师提出延长工期和（或）补偿经济损失的索赔报告及有关资料；

（3）工程师在收到承包人送交的索赔报告和有关资料后，于 28 天内给予答复，或要求承包人进一步补充索赔理由和证据；

（4）工程师在收到承包人送交的索赔报告和有关资料后 28 天内未予答复或未对承包人作进一步要求，视为该项索赔已经认可；

(5) 当该索赔事件持续进行时，承包人应当阶段性向工程师发出索赔意向，在索赔事件终了后 28 天内，向工程师送交索赔的有关资料和最终索赔报告。索赔答复程序与 (3)、(4) 规定相同。

36.3 承包人未能按合同约定履行自己的各项义务或发生错误，给发包人造成经济损失，发包人可按第 36.2 款确定的时限向承包人提出索赔。

37. 争议

37.1 发包人、承包人在履行合同时发生争议，可以和解或者要求有关主管部门调解。当事人不愿和解、调解或者和解、调解不成的，双方可以在专用条款内约定以下一种方式解决争议：

第一种解决方式：双方达成仲裁协议，向约定的仲裁委员会申请仲裁；

第二种解决方式：向有管辖权的人民法院起诉。

37.2 发生争议后，除非出现下列情况的，双方都应继续履行合同，保持施工连续，保护好已完工程：

(1) 单方违约导致合同确已无法履行，双方协议停止施工；

(2) 调解要求停止施工，且为双方接受；

(3) 仲裁机构要求停止施工；

(4) 法院要求停止施工。

十一、其他

38. 工程分包

38.1 承包人按专用条款的约定分包所承包的部分工程，并与分包单位签订分包合同。非经发包人同意，承包人不得将承包工程的任何部分分包。

38.2 承包人不得将其承包的全部工程转包给他人，也不得将其承包的全部工程肢解以后以分包的名义分别转包给他人。

38.3 工程分包不能解除承包人任何责任与义务。承包人应在分包场地派驻相应管理人员，保证本合同的履行。分包单位的任何违约行为或疏忽导致工程损害或给发包人造成其他损失，承包人承担连带责任。

38.4 分包工程价款由承包人与分包单位结算。发包人未经承包人同意不得以任何形式向分包单位支付各种工程款项。

39. 不可抗力

39.1 不可抗力包括因战争、动乱、空中飞行物体坠落或其他非发包人、承包人责任造成的爆炸、火灾，以及专用条款约定的风、雨、雪、洪、震等自然灾害。

39.2 不可抗力事件发生后，承包人应当立即通知工程师，并在力所能及的条件下迅速采取措施，尽力减少损失，发包人应该协助承包人采取措施。工程师认为应当暂停施工的，承包人应暂停施工。不可抗力事件结束后 48 小时内承包人向工程师通报受害情况和损失情况，及预计清理和修复的费用。不可抗力事件持续发生，承包人应每隔 7 天向工程师报告一次受害情况。不可抗力事件结束后 14 天内，承包人向工程师报提交清理和修复费用的正式报告及有关资料。

39.3 因不可抗力事件导致的费用及延误的工期由双方按以下方法分别承担：

(1) 工程本身的损害、因工程损害导致第三人人员伤亡和财产损失以及运至施工场地用于施工的材料和待安装的设备的损害，由发包人承担；

（2）发包人、承包人人员伤亡由其所在单位负责，并承担相应费用；

（3）承包人机械设备损坏及停工损失，由承包人承担；

（4）停工期间，承包人应工程师要求留在施工场地的必要的管理人员及保卫人员的费用由发包人承担；

（5）工程所需清理、修复费用，由发包人承担；

（6）延误的工程期相应顺延。

39.4 因合同一方迟延履行合同后发生不可抗力的，不能免除迟延履行方的相应责任。

40. 保险

40.1 工程开工前，发包人为建设工程和施工场地内的自有人员及第三人人员生命财产办理保险，支付保险费用。

40.2 运至施工场地内用于工程的材料和待安装设备，由发包人办理保险，并支付保险费用。

40.3 发包人可以将有关保险事项委托承包人办理，费用由发包人承担。

40.4 承包人必须为从事危险作业的职工办理意外伤害保险，并为施工场地内自有人员生命财产和施工机械设备办理保险，支付保险费用。

40.5 保险事故发生时，发包人、承包人有责任尽力采取必要的措施，防止或者减少损失。

40.6 具体投保内容和相关责任，发包人、承包人在专用条款中约定。

41. 担保

41.1 发包人、承包人为了全面履行合同，应互相提供以下担保：

（1）发包人向承包人提供履约担保，按合同约定支付工程价款及履行合同约定的其他义务。

（2）承包人向发包人提供履约担保，按合同约定履行自己的各项义务。

41.2 一方违约后，另一方可要求提供担保的第三人承担相应责任。

41.3 提供担保的内容、方式和相关责任，发包人、承包人除在专用条款中约定外，被担保方与担保方还应签订担保合同，作为本合同附件。

42. 专利技术及特殊工艺

42.1 发包人要求使用专利技术或特殊工艺，应负责办理相应的申报手续，承担申报、试验、使用等费用；承包人提出使用权用专利技术或特殊工艺，应取得工程师认可，承包人负责办理申报手续并承担有关费用。

42.2 擅自使用专利技术侵犯他人专利权的，责任者依法承担相应责任。

43. 文物和地下障碍物

43.1 在施工中发现古墓、古建筑遗址等文物及化石或其他有考古、地质研究等价值的物品时，承包人应立即保护好现场并于4小时内以书面形式通知工程师，工程师应于收到书面通知后24小时内报告当地文物管理部门，发包人、承包人按文物管理部门的要求采取妥善保护措施。发包人承担由此发生的费用，顺延延误的工期。

如发现后隐瞒不报，致使文物遭受破坏，责任者依法承担相应责任。

43.2 施工中发现影响施工的地下障碍物时，承包人应于8小时内以书面形式通知工程师，同时提出处置方案，工程师收到处置方案后24小时内予以认可或提出修正方案。发包人承担由此发生的费用，顺延延误的工期。

所发现的地下障碍物有归属单位时，发包人应报请有关部门协同处置。

44. 合同解除

44.1 发包人、承包人协商一致，可以解除合同。

44.2 发生本通用条款第26.4款的情况，停止施工超过56天，发包人仍不支付工程款（进度款），承包人有权解除合同。

44.3 发生本通用条款第38.2款禁止的情况，承包人将其承包的全部工程转包给他人或者肢解以后以分包的名义分别转包给他人，发包人有权解除合同。

44.4 有下列情形之一的，发包人、承包人可以解除合同：

（1）因不可抗力致使合同无法履行；

（2）因一方违约（包括因发包人原因造成工程停建或缓建）致使合同无法履行。

44.5 一方依据第44.2、44.3、44.4款约定要求解除合同的，应以书面形式向对方发出解除合同的通知，并在发出通知前7天告知对方，通知到达对方时合同解除。对解除合同有争议的，按本通用条款第37条关于争议的约定处理。

44.6 合同解除后，承包人应妥善做好已完工程和已购材料、设备的保护和移交工作，按发包人要求将自有机械设备和人员撤出施工场地；发包人应为承包人撤出提供必要条件，支付以上所发生的费用，并按合同约定支付已完工程价款。已经订货的材料、设备由订货方负责退货解除订货合同，不能退还的贷款和因退货、解除订货合同发生的费用，由发包人承担，因未及时退货造成的损失由责任方承担。除此之外，有过错的一方应当赔偿因合同解除给对方造成的损失。

44.7 合同解除后，不影响双方在合同中约定的结算和清理条款的效力。

45. 合同生效与终止

45.1 双方在协议书中约定合同生效方式。

45.2 除本通用条款第34条外，发包人、承包人履行合同全部义务，竣工结算价款支付完毕，承包人向发包人交付竣工工程后，本合同即告终止。

45.3 合同的权利义务终止后，发包人、承包人应当遵循诚实信用原则，履行通知、协助、保密等义务。

46. 合同份数

46.1 合同正本两份，具有同等效力，由发包人、承包人分别保存一份。

46.2 本合同副本份数，由双方根据需要在专用条款内约定。

47. 补充条款

双方根据有关法律、行政法规规定，结合工程实际，经协商一致后，可对本通用条款内容具体化、补充或修改，在专用条款内约定。

三、《专用条款》

一、词语定义及合同文件

2. 合同文件及解释顺序

合同文件组成及解顺序：______

3. 语言文字和适用法律、标准及规范

3.1 本合同除使用汉语外，还使用______语言文字。

3.2 适用标准、规范

需要明示的法律、行政法规：______

3.3 适用标准、规范

适用标准、规范名称：______

发包人提供标准、规范的时间：______

国内没有相应标准、规范时的约定：______

4. 图纸

4.1 发包人向承包人提供图纸日期和套数：______

4.2 发包人对图纸的保密要求：______

使用国外图纸的要求及费用承担：______

二、双方一般权利和义务

5.1 工程师

5.2 监理单位委派的工程师

姓名：______职务：______

发包人委托的职权：______

需要取得发包人批准才能行使的职权：______

5.3 发包人派驻的工程师

姓名：______职务：______

6. 不实行监理的，工程师的职权：______

7. 项目经理

姓名：______职务：______

8. 发包人工作

8.1 发包人应按约定的时间和要求完成以下工作：

(1) 施工场地具备施工条件的要求及完成的时间：______

(2) 将施工所需的水、电、电讯线路接至施工场地的时间、地点和供应要求：______

(3) 施工场地与公共道路的开通时间和要求：______

(4) 工程地质和地下管线资料的提供时间：______

(5) 由发包人办理的施工所需证件、批件的名称和完成时间：______

(6) 水准点与坐标控制点交验要求：______

(7) 图纸会审和设计交底时间：______

(8) 协调处理施工场地周围地下管线和邻近建筑物、构筑物（含文物保护建筑）、古树名木的保护工作：______

(9) 双方约定发包人应做的其他工作：______

8.2 发包人委托承包人办理的工作：______

9. 承包人工作

9.1 承包人应按约定时间和要求，完成以下工作：

(1) 需由设计资质等级和业务范围允许的承包人完成的设计文件提交时间：________

(2) 应提供计划、报表的名称及完成时间：________

(3) 承担施工安全保卫工作及非夜间施工照明的责任和要求：________

(4) 向发包人提供的办公和生活房屋及设施的要求：________

(5) 需承包人办理的有关施工场地交通、环卫和施工噪音管理等到手续：________

(6) 已完工程成品保护的特殊要求及费用承担：________

(7) 施工场地周围地下管线和邻近建筑物、构筑物（含文物保护建筑）、古树名木的保护要求及费用承担：________

(8) 施工场地清洁卫生的要求：________

(9) 双方约定承包人应做的其他工作：________

三、施工组织设计和工期

10. 进度计划

10.1 承包人提供施工组织设计（施工方案）和进度计划的时间：________

工程师确认的时间：________

10.2 群体工程中有关进度计划内的要求：________

13. 工期延误

13.1 双方约定工期顺延的其他情况：________

四、质量与验收

17. 隐蔽工程和中间验收

17.1 双方约定中间验收部位：________

19. 工程试车

19.1 试车费用的承担：________

五、安全施工

六、合同价款与支付

23. 合同价款及调整

23.2 本合同价款采用________方式确定。

(1) 采用固定价格合同，合同价款中包括的风险范围：________

风险费用的计算方法：________

风险范围以外合同价款调整方法：________

(2) 采用可调价格合同，合同价款调整方法：________

(3) 采用成本加酬金合同，有关成本和酬金的约定：________

23.3 双方约定合同价款的其他调整因素：________

24. 工程预付款

发包人向承包人预付工程款的时间和金额或占合同价款总额的比例：________

扣回工程款的时间、比例：________

25. 工程量确认

25.1 承包人向工程师提交已完工程量报告的时间：________

26. 工程款（进度款）支付

双方约定的工程款（进度款）支付的方式和时间：________

七、材料设备供应

27. 发包人供应材料设备

27.1 发包人供应的材料设备与一览表不符时，双方约定发包人承担责任如下：

（1）材料设备与一览表不符：________________

（2）材料设备的品种、规格、型号、质量等级与一览表不符：________________

（3）承包人可代为调剂串换的材料：________________

（4）到货地点与一览表不符：________________

（5）供应数量与一览表不符：________________

（6）到货时间与一览表不符：________________

27.2 发包人供应材料设备的结算方法：________________

28. 承包人采购材料设备

28.1 承包人采购材料设备的约定________________

八、工程变更

九、竣工验收与结算

32. 竣工验收

32.1 承包人提供竣工图的约定：________________

32.2 中间交工工程的范围和竣工时间：________________

十、违约、索赔和争议

35. 违约

35.1 本合同中关于发包人违约的具体责任如下：

本合同通用条款第 24 条约定发包人违约应承担的违约责任：________________

本合同通用条款第 26.4 款约定发包人违约应承担的违约责任：________________

本合同通用条款第 33.3 款约定发包人违约应承担的违约责任：________________

双方约定的发包人其他违约责任：________________

35.2 本合同中关于承包人违约的具体责任如下：

本合同通用条款第 14.2 款约定承包人违约应承担的违约责任：________________

本合同通用条款第 15.1 款约定承包人违约应承担的违约责任：________________

双方约定的承包人其他违约责任：________________

37. 争议

37.1 本合同在履行过程中发生的争议，由双方当事人协商解决，协商不成的，按下列几种方式解决：

（1）提交________________仲裁委员会仲裁；

（2）依法向人民法院起诉。

十一、其他

38. 工程分包

38.1 本工程发包人同意承包人分包的工程：________________

分包施工单位为：________________

39. 不可抗力

39.1 双方关于不可抗力的约定：________________

40. 保险

40.6 本工程双方约定投保内容如下：

(1) 发包人投保内容：________________

发包人委托承包人办理的保险事项：________________

(2) 承包人投保内容：________________

41. 担保

41.3 本工程双方约定担保事项如下：

(1) 发包人向承包人提供履约但保，担保方式为________担保合同作为本合同附件。

(2) 承包人向发包人提供履约担保，担保方式为________担保合同作为本合同附件。

(3) 双方约定的其他担保事项：________________

46. 合同份数：

46.1 双方约定合同副本份数：________________

47. 补充条款：________________

附件1：

承包人承揽工程项目一览表

单位工程名称	建设规模	建筑面积（平方米）	结构	层数	跨度（米）	设备安装内容	工程造价（元）	开工日期	竣工日期

附件 2：

发包人供应材料设备一览表

序号	材料设备品种	规格型号	单位	数量	单价	质量等级	供应时间	送达地点	备注

附件 3：

房屋建筑工程质量保修书

发包人（全称）：____

承包人（全称）：____

发包人、承包人根据《中华人民共和国建筑法》、《建设工程质量管理条例》和《房屋建筑工程质量保修办法》，经协商一致，对___（工程名称）___签订工程质量保修书。

一、工程质量保修范围和内容

承包人在质量保修期内，按照有关法律、法规、规章的管理规定和双方约定，承担本工程质量保修责任。

质量保修范围包括地基基础工程、主体结构工程，屋面防水工程、有防水要求的卫生间、房间和外墙面的防渗漏，供热与供冷系统，电气管线、给排水管道、设备安装和装修工程，以及双方约定的其他项目。具体保修的内容，双方约定如下：________________

二、质量保修期

双方根据《建设工程质量管理条例》及有关规定，约定本工程的质量保修期如下：

1. 地基基础工程和主体结构工程为设计文件规定的该工程合理使用年限；

2. 屋面防水工程、有防水要求的卫生间、房间和外墙面的防渗漏为________年；

3. 装修工程为________年；

4. 电气管线、给排水管道、设备安装工程为________年；

5. 供热与供冷系统为________个采暖期、供冷期；

6. 住宅小区内的给排水设施、道路等配套工程为________年；

7. 其他项目保修期限约定如下：________________________________

三、质量保修责任

1. 属于保修范围、内容的项目，承包人应当在接到修理通知之日起 7 天内派人修理。承包人不在约定期限内派人修理的，发包人可以委托其他人员修理。

2. 发生须紧急抢修事故的，承包人在接到事故通知后，应当立即到达事故现场抢修。

3. 对于涉及结构安装的质量问题，应当按照《房屋建筑工程质量保修办法》的规定，立即向当地建设行政主管部门报告，采取安全防范措施；由原设计单位或者具有相应资质等级的设计单位提出保修方案，承包人实施保修。

4. 质量保修完成后，由发包人组织验收。

四、保修费用

保修费用由造成质量缺陷的责任方承担。

五、其他

双方约定的其他工程质量保修事项：________________________________

本工程质量保修书，由施工合同发包人、承包人双方在竣工验收前共同签署，作为施工合同附件，其有效期限至保修期满。

发包人（公章）：	承包人（公章）：
法定代表人（签字）：	法定代表人（签字）：
年　　月　　日	年　　月　　日

附录六

编号：

北京市建设工程施工合同

（小型工程本）

发包方：________________________________

承包方：________________________________

工程名称：______________________________

工程地点：______________________________

建筑面积：__________平方米；层数：______________

结构类型：__________；檐高/跨度：______________米

批准文号：（有权机关批准工程立项的文号）______________

工程性质：（指基建、技改、合资等）：______________

承包范围：______________________________

承包方式：______________________________

质量等级：（优良或合格）：____________________

工程承包造价（金额大写）：____________________

¥____________________________元

北京市建设工程施工合同（小型工程本）是依据《建设工程施工合同示范文本》（GF-99-0201）拟定的，适用于建筑面积在2000平方米以内或承包造价在50万元以内的建筑工程。

北京市建设工程施工合同协议条款

依照《中华人民共和国合同法》、《中华人民共和国建筑法》及其他有关法律、行政法规，就本项工程建设有关事项，遵循平等、自愿、公平和诚实信用的原则，经双方协商达成如下协议：

第1条 工期。

1.1 本合同工程定于________年________月________日开工；于________年________月________日竣工。合同工期日历天数为________天。工期如需提前，约定的开、竣工日期计算的合同工期总天数为________天。

1.2 承包方为提前工期采取的相应措施及因此增加的经济支出：________

1.3 工期提前或延误的奖罚，由双方协商后在合同中约定。

第2条 图纸。发包方于________年________月________日，向承包方提供________套图纸。

第3条 发包方、承包方驻工地代表。发包方工程师姓名：________；项目经理姓名：________。

第4条 发包人工作。

开工前办理完毕土地征用，青苗、树木赔偿，坟地迁移，房屋、构筑物拆迁，地上及架空、地下障碍物清除，将施工所需水、电线路、道路接通至施工现场，并保证施工期间的需要，向承包方提供施工现场工程地质和地下管网线路资料，提交办理有关证件、批件的合法手续，将水准点与坐标控制点位置以书面形式提交给承包方，并于现场交验，协调、处理施工现场周围建筑物、构筑物（含文物保护建筑）、古树名木和地下管线的保护及施工扰民问题，合同签订后________天内组织会审图纸和设计交底，在收到承包方提供的施工组织设计（或施工方案）和进度计划后________天内予以确认。凡在有毒有害环境中施工时，发包方按有关规定提供相应的防护措施，并承担有关的经济支出。

第5条 承包人工作。

5.1 每月________日向发包方报送月度施工计划和已完工程进程进度统计报表。

5.2 遵守国家及本市有关部门对施工现场的交通和施工噪音等管理规定，负责安全保卫、整洁卫生等各项工作，做好施工现场周围建筑物、构筑物（含文物保护建筑）、古树名木和地下管线的保护。发现地下障碍和文物时，及时报告有关部门并采取有效保护措施，按有关具体规定处置，发包方承担由此发生的费用，延误的工期相应顺延。在图纸会审和设计交底后________天内向发包方提交施工组织设计（或施工方案）和进度计划。

承包方不按合同约定完成各项工作时，应承担由此造成的经济损失，工期不予顺延。

第6条 工程质量检查及验收。

6.1 当工程具备覆盖、掩盖条件或达到中间验收部位以前，承包方自检，并于48小时前通知发包方参加，验收合格，发包方在验收记录签字后，方可进行隐蔽和继续施工。工程质量符合规范要求，发包方不在验收记录签字，可视为发包方已经批准，承包方可进行隐蔽或继续施工。验收不合格，承包方在限定时间内修改后重新验收，因发包方不正确纠正或其他非承包方原因引起的经济支出，由发包方承担。检验不应影响施工正常进行，检验不合格，影响正常施工的费用由承包方承担。除此之外影响正常施工的经济支出由发包方承担，相应顺延工期。

6.2 工程具备竣工验收条件，承包方按国家和本市工程竣工有关规定，向发包方提供完整竣工资料和竣工验收报告，发包方10天内组织验收。发包方不能按约定日期组织验收，应从约定期限最后一天的次日起承担工程保管责任及应支付的费用。

发包方、承包方办理工程竣工验收手续后，发包方于5日内按有关规定向质量监督机构申报竣工工程质量备案本合同即告终止。承包人应按法律、行政法规或国家关于工程质量保修的有关规定，对交付发包人使用的工程在质量保修期内承担质量保修责任。

第7条 设计变更及合同价款的调整。

7.1 施工中发包方对原设计进行变更，经批准后，发包方应在变更前10天向承包方发出书面变更通知，否则，承包方有权拒绝变更。承包方按通知进行变更，并于5天内，根据约定的可调整承包方式提出变更价款报告的完整资料，因变更导致的经济支出和承包方损失，由发包方承担，发包方收到变更价款报告之日起5天内予以签认，无正当理由不签认时自变更价款报告送达之日起5天后自行生效，由此延误的工期相应顺延。

7.2 本工程按可调整的承包方式对承包造价作如下调整：________________________

____

第8条 工程价款及结算。

8.1 双方按国家和本市有关主管部门规定，在合同生效后，发包方按下表约定分/次向承包方预付或支付工程款，发包方不按时拨付工程款，从应付之日起承担应付款的利息。

拨付工程款时间 （工程进度、部位）	占合同承包造价 百分比	金额 人民币（元）

第9条 材料设备的供应。

9.1 发包方按双方约定的《发包方供应材料设备一览表》（附后）供应材料设备，如与《一览表》不符时，承担相应违约责任。

9.2 发包方、承包方双方应对各自负责供应的材料设备，提供产品合格证明；如与设计和规范要求不符合的产品，重新采购符合要求的产品，各自承担由此发生的费用。

9.3 承包方需使用代用材料时，须经发包方代表批准方可使用，由此增减的费用双方议定。

第10条 争议。

发包方、承包方双方发生争议时，可以通过协商或者申请施工合同管理机构会同有关部门调解。不愿调解或调解不成的，可以采取下列一种方式解决：

第一种争议解决方式：向____________________仲裁委员会申请仲裁；

第二种争议解决方式：向____________________人民法院起诉。

双方约定按第________种争议解决方式解决。

第 11 条 违约。

发包方或承包方不能按本协议条款约定内容履行自己的各项义务及发生使合同无法履行的行为，应承担相应的违约责任，包括支付违约金，赔偿因其违约给对方造成的全部经济损失。

除非双方协议将合同终止，或因一方违约使合同无法履行，违约方承担上述违约责任后仍应继续履行合同。

第 12 条 合同份数。

本合同正本两份具有同等效力，由发包方承包方分别保存；副本________份。

第 13 条 补充条款如下：____

____

__________**工程发包方供应材料设备一览表**

序号	材料或设备名称	规格型号	单位	数量	单价	供应时间			送达地点	备 注
						年	月	日		

本合同订立时间：　　年　　月　　日（即日起生效）

发包方　　　　（章）
地　　址：
法定代表人：
委托代理人：
电　　话：
开 户 银 行：
账　　号：
邮 政 编 码：

承包方　　　　（章）
地　　址：
法定代表人：
委托代理人：
电　　话：
开 户 银 行：
账　　号：
邮 政 编 码：

参　考　文　献

［1］ 王振强主编．日本工程造价管理．天津：南开大学出版社，2002

［2］ 尹贻林，申立银主编．中国内地与香港工程造价管理比较．天津：南开大学出版社，2002

［3］ 全国造价工程师执业资格考试培训教材编审组．工程造价计价与控制(2009 年版)．北京：中国计划出版社，2009

［4］ 全国造价工程师执业资格考试培训教材编审组．工程造价管理基础理论与相关法规(2009 年版)．北京：中国计划出版社，2009

［5］ 建设工程工程量清单计价规范 GB 50500—2008．北京：中国计划出版社，2008

［6］ 建设工程工程量清单计价规范编审组．中华人民共和国国家标准《建设工程工程量清单计价规范》宣贯辅导材料．北京：中国计划出版社，2008